For

Delia

and

Sweta

24 Keys

荣格心理学入门

EASY GUIDE TO JUNGIAN PSYCHOLOGY

邓小松
著

中央编译出版社
CCTP Central Compilation & Translation Press

图书在版编目 (CIP) 数据

24Keys · 荣格心理学入门 / 邓小松著 . -- 北京：中央编译出版社 , 2023.3（2024.5 重印）
ISBN 978-7-5117-4219-3

I. ① 2⋯ II. ①邓⋯ III. ①荣格（Jung, Carl Gustav 1875-1961）－分析心理学 IV. ① B84-065

中国版本图书馆 CIP 数据核字（2022）第 125897 号

24Keys · 荣格心理学入门

责任编辑	贾宇琰
执行编辑	周雪凝
责任印制	刘 慧
出版发行	中央编译出版社
地 址	北京市海淀区北四环西路 69 号（100080）
电 话	（010）55627391（总编室） （010）55627311（编辑室） （010）55627320（发行部） （010）55627377（新技术部）
经 销	全国新华书店
印 刷	北京雅昌艺术印刷有限公司
开 本	880 毫米 × 1230 毫米 1/32
字 数	108 千字
印 张	7
版 次	2023 年 3 月第 1 版
印 次	2024 年 5 月第 3 次印刷
定 价	58.00 元

新浪微博：@ 中央编译出版社 微 信：中央编译出版社（ID：cctphome）
淘宝店铺：中央编译出版社直销店（http://shop108367160.taobao.com）（010）55627331

目　录 CONTENT

前言

亲爱的读者朋友们：

我的心路历程是这样的：多年以前在斯里兰卡上学，夜里做梦突然惊醒，梦到我的父亲去世了。第二天中午就接到大使馆打来的电话，通知我父亲病危，赶紧第一时间回国。其实打电话的时候，父亲已经去世了，打电话的人怕我接受不了，才用了权宜之计。我生平第一次感受到梦的力量。几年以后，我在美国爱荷华大学上学，第一次听到教授说到荣格这个名字，同时提到了集体潜意识，当时的场景、甚至灯光的亮度，至今历历在目。人生中有时不经意之间的一些场景你会记一辈子。那时就觉得这个名字离自己很近，似曾相识。又过了几年，在科罗拉多的图书馆里面，碰巧发现一整套荣格的书，随手拿下来一本翻阅，全部是奇怪的图案和公式，与我想象的集体潜意识方面的内容相去甚远。

后来才了解到，这些是炼金术内容。再之后，一晃到了 2010 年，我在北京走进一家工作单位附近的西餐厅，正对着大门的中式条案上摆着一本《金花的秘密》英文版，一时冲动拿在手里翻了翻，又有一种似曾相识的感觉，当时就有一种想要翻译的冲动。我第一次深入学习了解荣格心理学，就是通过翻译这本书。说实在的，感觉基本上讲的内容我已经知道，翻译的过程就像是一个印证自己内心的过程，我用了十几天下班以后的时间就翻完了。从此以后，我走上了学习、研究、讲授荣格心理学的道路。乔布斯说过，你要相信生活中的点滴都会在将来的某一点上连成一线。其实，所有的线都会最终连成你人生的全部，好像生活已经为你错落有致地安排好了脚印，你所要做的就是照着踩一遍。

我翻译了好几本荣格的书，有的时候实在翻译得直着急，他写的内容确实是好，写得也确实是不清楚，至少是有话不直说。但是翻译的时候就要老老实实翻译他写的每一个字。感谢中央编译出版社让我终于有机会直抒胸臆，一吐为快。所有的条目您如果按照顺序看下来，就是一条分析心理学的脉络，而且前后有逻辑的连接，所以按顺序很重要。心理学致力于解决眼前的问题，但是荣格分析心理学到炼金术阶段已经和宗教相遇了。

多年以前，我的父亲还在世的时候给我讲了一件事：在斯里兰卡有一位年迈的僧人，他有一天对自己的弟子说，你们已经见过不同的死法，修行的人有的是坐化（打坐时去世），有的是立化，今天，现在，我就要走了，向大家告个别，我现在往前面那棵树的方向走七步，之后我将圆寂，你们今天可以看到行化。这个故事一直存在我的脑海里，这种对生死的把握令人印象深刻。人在大限将至之前的所有辉煌与成就，充其量都是，凑活。在面对死亡时，在生死的宏大叙事中，人非常渺小。但是，最最的卑微中，也有改变全世界、征服人生的力量，这些力量是人性真正的光辉。荣格先生告诉我，它就在哲人石中，就在你、我的潜意识中。所有事先安排的脚印，我们都有办法不去踩。

我希望有朝一日我可以成为像我父亲一样善良的人，或无限接近，时时处处为别人考虑，想他人多一些，想自己少一点。毛主席教导我们：全心全意为人民服务。任何在自己的岗位和角色中砥砺前行，真实付出的人，都是真正的英雄，因为生活的真谛永远在于付出，而不是得到。我向我的父亲致敬，向英雄们致敬，本书献给你们。

我用在 2010 年翻译《金花的秘密》时就引用的曹植的诗，作为这个前言的结尾，献给大家。放之四海皆准的人生底层逻辑，这首诗概括得很好：煮豆燃豆萁，豆在釜中泣，本是同根生，相煎何太急。可以想象吗？生活中对你造成最大伤害的人，和你同根同源。所有的包容都是建立在对生活深刻洞察的基础之上的，而不是软弱的表现。

邓小松

2022 年 5 月 15 日 于温哥华

01

向外望者梦，
向内觉者醒。

《书信集》
（*Letters*）

01

潜意识

Unconscious

人类在科学上取得了巨大的进步，但是对内心世界还是所知甚少，对心理活动缺乏深入的了解。我们经常在没有察觉到的时候，就已经受到情绪的干扰，有时是一种无名的无聊，莫名的感伤与情绪低落。当我们一个人静下心来，仔细思索我们为什么会情绪低落时，往往找不到什么事触发了这样的情绪。我们还经常对自己做出错误的判断，以为做某些事的动机其实不是我们这么做的真正原因，经常出现自欺欺人、自我催眠（自我安慰）的情况。我们对其他人心思的判断更是经常错误百出，经常会把自己的心理活动投射到别人身上，尤其是自己最亲密的人身上。

直到弗洛伊德（Sigmund Freud）在临床实践中证实了潜意识的存在，人们才开始对内心世界进行更为深入的研究。他指出，人类有潜意识，而且不受我们的显意识控制。也就是说，潜意识的力量非常强大，并且我们只能被动接受潜意识的影响。我们（意识）不能指挥潜意识，而往往我们以为是我们的意识指挥一切。

潜意识中存在着各种我们平时察觉不到的所谓的情结，比较为人们熟知的如恋父情结、恋母情结，等等；还有我们有意无意压制下去的内容，比如童年的创伤、痛苦的经历、被压抑的欲望。所有的这些情结和记忆，都是潜意识的内容。这些内容是活跃的能量，在我们没有觉察的情况下无时无刻不对我们的日常生活产生影响。童年时的经历我们以为已经彻底忘记了，其实这些经历哪里也没有去，就留在我们的心里，在潜意识里。当潜意识的内容在某个时间点被触发，进入了意识领域，被我们的意识感知到的时候，我们就被某种莫名的情绪控制了。

潜意识对意识的干扰在生活中比比皆是。有的时候你正要说的话突然忘记了，你走到桌子边拿东西却想不起来拿什么，所有的口误，脱口而出的话，都是潜意识的显现。显意识永远都需要潜意识的合作。当你说话的时候，你说上一句时就已经在准备下一句，但是这种准备你自己大部分时候不会意识到。如果潜意识不配合，或者进行抑制，那么你就不能说得流畅。比如，你想要说一个人名，或者说一个平时很熟悉的表达，但是怎么也想不起来，是因为潜意识不输送。不管任何时候，只要潜意识不配合，就可以轻松打败你的记忆力，或者让你说出你不想说的话。它会制造种种难以预料的、不可理喻的情绪和效果，会引发各种各样的困难。这些真实而且很强的能量，如果处理不当，会困扰我们的生活，成为心理问题的根源。因为我们每个人都有潜意识，所以我们每个人可能都有一些神经质，只是程度不同罢了。如果要解决这些心理问题，就一定要与潜意识打交道，与潜意识沟通。

潜意识的内容十分丰富，弗洛伊德认为潜意识里面的内容大致不外乎两大类，不是对不喜欢的事情的压抑，就是对想得到但还没得到的一种补偿，压抑和补偿是潜意识的主要内容。弗洛伊德认为潜意识的内容可以在梦中找到，梦是通往潜意识的桥梁。其实释梦是古老的传统，在世界各地都曾盛行一时，包括在中国古代的宫廷，有专门的释梦师。弗洛伊德划时代的贡献是通过梦分析心理，他认为，这是与潜意识直接沟通的方式，因为梦为我们提供了潜意识的信息，是潜意识的表达。对梦的分析就是与潜意识的对话。在这种治疗方式中，病人自由地述说自己的梦境（自由联想），进而述说自己的生活、与梦境有关联的一切细节，进而扩展到生活中的方方面面。在对梦境的述说中，有些病人的情结被找到，经过还原、处理，病人的心理问题就可以得到解决。有时治疗结束时病人大哭一场，走出诊室时，感觉新的人生开始了。很多时候，这种治疗效果显著。但是，这种治疗方法的问题也很明显。如果不断地让病人持续述说自己的梦境，总可以找到某种情结，总是能碰触到过往生活中的创伤，或者是童年生活甚至是出生时的痛苦经历。在不断的述说中，已经忘记的问题是一定会显露的，只是快慢的问题，因为没有人没有任何创痛。

太阳船是古埃及一个常见的主题。船被视为太阳运行的典型载体。在埃及神话中，太阳神与怪物阿波菲斯进行战斗，怪物试图在太阳船每天于天空中穿梭时将它吞掉。在《转化的象征》(*Symbols of Transformation*)中荣格指出，海怪的战斗象征自我意识试图摆脱无意识的控制。

记录
你此刻的心情

02

心灵的成长就是意识涵盖面的扩大……
每往前走一步，
都是艰辛与困苦的。

《分析心理学文稿》
（*Contributions to Analytical Psychology*）

02

荣格与集体潜意识

Jung and
Collective Unconscious

荣格在与弗洛伊德见面之前，在瑞士的精神病医院当医生。当时他与弗洛伊德碰巧都在用词汇联想法做心理治疗，荣格本人也是词汇联想法的大师（甚至用这个方法帮警方破案）。在经过几次书信往来后，荣格来到弗洛伊德所在的城市与他见面，这

次历史性的见面持续了 13 个小时。自此以后，弗洛伊德对荣格的认可与日俱增，甚至力排众议推举荣格担任国际精神分析学会的主席。

在最亲密的时光之后，与世界上所有的关系一样，分歧出现了。虽然他们都以对梦的分析作为主要的治疗手段，但在具体操作和底层逻辑方面存在很大分歧。在与弗洛伊德合作过程中，荣格发现用弗洛伊德的方法分析梦，最后总是可以得到心理医生想要的结果，因为在不断叙述中，一定会发现问题，某些情结一定会被发现。问题的关键是，如果我们抓住生活中任意的一个点不断深入，也能够达到同样的效果，也就是说，如果我们不分析梦而分析病人生活中的任意一点，或是生活中的某一事件，不断深入之后都可以达到相同的效果。一位荣格的病人向荣格述说了自己的一段经历：他坐在行驶的火车上，一路关注着路过的站牌，上面的文字是他不认识的外文。他一路猜测这些文字的意思，渐渐陷入自己的思绪中，一些潜意识的内容浮现出来，他进而深深地陷入与自己内心对话的过程。这段经历使荣格清晰地意识到，从任何一点出发，都可以找到通往潜意识的路。那么梦的意义何在？所以，这样治疗的弊病是，浪费了梦中直接来自我们潜意

荣格对这幅图的描述是：“一个向下扎根的人也在向上生长，就像一棵向上和向下同时生长的树一样。重点不是在高度，而是在中间。”

识的信息。如果只是让病人随着梦的内容随意述说，有些潜意识的主题就会被忽略。自由联想会浪费梦所要表达的潜意识内容，所以荣格在进行梦的分析时总是不断地强调回到梦本身。

除此之外，荣格对心理现象的解释与弗洛伊德发生了根本分歧。弗洛伊德认为心理活动的根本是生命原动力，而性驱力是原动力中最重要的部分。荣格反对的不仅仅是这一理论本身，更在于弗洛伊德对这一理论的态度。在一次谈话中，弗洛伊德强调，他的性理论是堡垒，是不容侵犯和怀疑的。这样的态度是不科学的，荣格无法接受。最终的结果是，荣格彻底离开了弗洛伊德。这之后的几年是荣格人生中的至暗时刻。他辞去了所有的职务与教学工作，只保留了有限的心理治疗。他受到整个精神分析界的排挤。最可怕的是，他的研究成果与体悟没有任何人可以分享，他很迷茫和彷徨。他在陷入自我封闭的状态之后，开始了漫长的自我心灵探索，在四面楚歌中主动与自己的潜意识沟通。而他许多日后的重要成果与研究课题都成型于这一长达数年的艰难时期，真是应了中国那句老话：塞翁失马，焉知非福。在近乎精神崩溃的状态下，他开始有意沉入自己的潜意识，去发现潜意识的内容（这一方法就是日后的积极想象)。期间他进行了几次长途旅行，包括去了他梦寐以求的非洲。在渐渐走出阴霾的过程中，荣格收到德国汉学家卫礼贤(Richard Wilhelm)的中国道家经典《太乙金华宗旨》的译稿，这成为荣格自我疗愈过程的标志性事件。在古老中国的内丹修炼中，他终于找到了知音，他的体悟得到了印证，他的体系有了安放之处(我翻译了荣格与卫礼贤合著的《金花的秘密：中国的生命之书》，该书2016年由中央编译出版社再版)。

弗洛伊德的态度使两人言归于好变得很困难，这种决裂的状况一直延续到弗洛伊德去世。走出低谷的荣格开始建立他自己的研究体系，之后他终于可以从更高的层次俯视他和弗洛伊德的关系。他与弗洛伊德的问题解决了，但不是通过直接与弗洛伊德和好，而是荣格已经自我成长到新的高度。生活中问题真正的解决都是通过超越问题。

记录
你此刻的心情

03

集体潜意识的内容与心理模式基本上在任何地方，
对任何人，都是相同的。

《原型与集体潜意识》

（*The Archetypes and The Collective Unconscious*）

03

集体潜意识

Collective Unconscious

除了上述不同意见之外，荣格与弗洛伊德最大的分歧是荣格发现了更深层的心灵力量。

在这里我们进一步深入，超越潜意识，去触碰人类心灵的更深处。弗洛伊德把情结的根源归结为性，起因都是性驱力。但是，人们很多时候长期坚持或一时冲动所做的事，和性没有任何关系，例子随处可见：见义勇为救助他人，这样做与性没有关系。还有人们的宗教活动，如去教堂、寺庙，参加宗教仪式，这些行为的原动力很难与性驱力联系起来。再比如，不同的人可能都会在梦中梦到锤子、笔、雨伞、钥匙等，这些物件往往都可以解释为象征着性，但经过分析发现，同样梦到锤子的人对锤子的解释各不相同，往往被解释为象征着性的梦，事后证明与性没有关联。

我以荣格的心理分析案例作进一步说明：一位未婚女士梦到有人送给她一把古董匕首，是从古墓里挖出来的，上面有很多装饰。她自己对梦的叙述是这样的：在实际生活中，这把匕首是她父亲的，有一次父亲在阳光下对她晃了晃这把匕首，给了她很深的印象。她的父亲精力充沛，意志坚定，容易冲动，多情。这是一把凯尔特铜质匕首，她对自己的凯尔特血统感到很自豪。匕首上的装饰有强烈的神秘色彩，代表古老的传统、智慧，象征着文明走出坟墓来到阳光下。弗洛伊德精神分析的解释是这样的：病人有严重的恋父情结，充满了对父亲的性幻想。虽然对父亲有强烈的抗拒，但她总是把自己放在她母亲的位置。在生活中她无法接受一个像她父亲一样充满活力的男人，而总是违背自己的意愿，选择脆弱又神经质的男人。这个梦发掘出了她对父亲的“武器”的渴望，指明了她的阳物崇拜。下面是荣格的解释：好像病人需要这样一把武器，而她的父亲有这样的武器。父亲精力充沛，而且勇于面对自我及生活中的挑战。这个武器是人类古老智慧的遗产，暗藏于患者的心中，通过挖掘（分析）重见天日。这个武器是洞察力与不屈不挠的意志力，而一直到此刻，病人都是缺乏意志的。这个梦其实是告诉病人，人是可以按照自己的意愿行动的，而不是永远地随波逐流。建立在知识与洞察之上的意志力是人类智慧的古老遗产，她也有这份遗产，但一直被埋藏到现在。她总是软弱、抱怨、悲观、被动。比较两个解释，荣格的解释给这位女士带来了比性驱力重要得多的启示。荣格的分析表明：潜意识中不仅仅是力比多，深层动力很难都被归结为性驱力。荣格通过大量的临床案例发现：人们的潜意识中不只有情结，还有更加深一层的东西。其往往在治疗过程中，起着更加关键的作用。我们不能把分析梦中的情结作为治疗的唯一手段。

非常奇妙的是，荣格通过大量的案例发现人们做的梦有共通的主题，无论做梦的人是西伯利亚的农妇还是麻省理工大学的数学教授，他们都会梦到相同的内容，比如曼陀罗图案、十字架、世界的起源、神话主题、英雄主题等宗教象征与主题。往往这些主题与图案都与远古的神话、宗教主题一致，包括宇宙的创立、毁灭、重生。这些在梦境中发现的全人类共通的、与性没有关系的主题引起了荣格进一步的思考。同时，另一个有趣的现象是，无论在何方，人们对一些主要概念的理解是相同的，这些概念从来不用去教授，都是人与生俱来的，比如什么是爱、父母、家国。对生活中的这些最基本概念的理解，世界人民没有分歧。我们对这种整齐的一致性一直习以为常，认为是正常现象，从没有去思考这一统一背后的原因。荣格给这些人类共通的心理主题起了一个名字，叫作原型。原型是全人类共享、共通的，而包含所有原型的潜意识层面，荣格称之为集体潜意识。

集体潜意识就是潜意识之下的更深层的心灵力量。在人类心灵的最深层，埋藏着人类心理活动的原型、根源，对世界起源的古老记忆。集体潜意识是我们心灵的基础，在这一层面，全人类共享同样的内容，没有差别。集体潜意识的一个最主要的特点是，它的内容与个人的人生经历完全没有关联，也就是说，这里的内容并不来自个人的人生经历。一个居住在非洲原始丛林的土著，一样会梦到密宗修行者观想的曼陀罗，而在他的生活中从来没有接

《红书》中荣格对这幅图的描述是："这物质的人在精神的世界里攀升得太远，在那里，心的精神却把他用金光刺穿。他愉快地掉落并分解。身为邪恶的蛇不能在精神的世界逗留。"

触过这样的内容。需要强调的是，某个人的集体潜意识里面的内容，和其他所有人是相同的，而情结则往往来自个人经历。

人类心灵的构造是这样的：人类共通的心理内容是集体潜意识，从它产生了潜意识——个人潜意识，在这个基础上进一步发展出我们日常生活中称之为我的部分，就是我们的意识。意识收取我们眼、耳、鼻、舌、身所有可以感知到的内容，我想，我说，我吃，我睡……我们日常生活中说的我，或者我们认为的我，就是我们的显意识而已，只是人类心灵广阔海洋中的一座座孤岛。如果把我们每个人的意识比作一个星球，那么集体潜意识就是包含所有星辰的浩瀚宇宙。“我”其实非常渺小。

记录
你此刻的心情

04

心理学是为死亡做的准备。

《与荣格的对话》

（*Conversations with C.G. Jung*）

04

心灵的古老记忆

Primordial Experiences

下面以荣格分析的一个小女孩的梦为例，说明集体潜意识与个人潜意识的区别。荣格的一位朋友是精神病专家，他给了荣格一本小册子，是他十岁的女儿给他的圣诞礼物，记录了一个梦的系列——女儿八岁时做的梦。这是荣格见过的最奇怪的梦的系列，简述如下：

（1）有一头蛇一样的怪兽，长着很多角，会杀死其他动物。但四位上帝从四个角落现身，被杀死的动物复活了。

（2）升入天堂，那里有赞美异教徒的舞蹈；堕入地狱，天使在行善。

（3）一大群行走的动物让女孩感到害怕，这些动物变得巨大，吃掉了女孩。

（4）很多小虫、蛇、鱼和人类穿透一只小老鼠的身体，小老鼠变成人。这是人类起源的四个阶段。

（5）通过显微镜看一滴水：水里充满了树枝。这是世界的起源。

（6）有一个坏男孩和一团泥，他把泥屑扔到路人身上，他们也变坏了。

（7）一个喝醉的女人掉进水里，从水里出来后变清醒了，获得了重生。

（8）在美国很多人滚进了蚂蚁堆里，蚂蚁攻击这些人。做梦的女孩在恐慌之中掉进了一条河。

（9）女孩在月球上的沙漠里，开始往下陷，一直掉到地狱里。

（10）她触碰了幻想中的一个发光的球状物。这个球状物散发出水蒸气。然后出现一个男人，杀了她。

（11）她病危，突然从她的皮肤里飞出小鸟，把她全身都覆盖了。

（12）成群的小虫遮蔽了太阳、月亮和星星，除了一颗星星。那颗星星掉到了做梦女孩的身上。

在未删节的德文原文里，每个梦都是以童话语言开头："在很久很久以前……"这样的语言表明了做梦的小孩觉得每个梦都是童话，因此将其当作圣诞礼物讲给父亲听。她的父亲解释不了这些梦的内容，因为他从中看不出任何个人关联。其实，这种儿童的梦经常看起来"只不过是一个故事而已"。荣格本人认识这位女孩，她住在离瑞士很远的地方。

让我们来看第一个梦：上帝从"四个角落"出来。这是什么角落？梦里面没有提到房间，应该不是房间角落。荣格感到这个梦很显然是关于宇宙的活动，宇宙性的人物亲自出来干预。荣格认为四位一体本身也是一个奇怪的概念，但是这种概念在东方宗教和哲学中有重要地位，在基督教里是三位一体。一个普通的上小学的孩子，她怎么可能在自己生活的环境里了解神圣的四位一体？这种概念曾经在中世纪炼金师的圈子中出现过，已经完全隐没好几百年了。那么这位小女孩是从哪儿得到这个概念的？长角的蛇也是同样的情况。《圣经》中确实有很多长角的动物，例如在《启示录》（第 13 章）里就有。荣格提到长角的蛇在拉丁炼金术里现身为“四角蛇”（quadricornutus serpens），是基督教三位一体的反对者墨丘利（Mercurius）的象征。第二个梦出现的主题确定无疑是非基督教的，并且其价值观是与基督教相反的：天堂的人在跳异教徒的舞蹈，天使在地狱里行善。这个小孩是从哪儿得知这样的颠覆性观念的？荣格认为这简直可以与尼采的天才思想媲美。这些梦确定无疑有奇怪之处，梦的思想在某种程度上像哲学命题。比如，第一个梦是讲一个恶兽杀死其他动物，但是上帝通过一种复原让它们重生。在西方世界，人们是通过基督教了解这样的思想的。荣格的书中认为我们可以在《使徒行传》（第 3 章）中发现这点：“（基督）必须留在天上，直到万物更新的时候……”早期希腊的教会创立者，例如奥利金（Origen），尤其强调这样一种观点，认为在末日到来的时候，救赎者会将一切恢复到其初始和完美状态。有人会认为这个小女孩可能是在她接受的宗教教育中了解这种思想的，但是她没接受过什么宗教教育，尤其是不可能接触到复原这个思想。

荣格认为，如果我们试图从个人经历的角度去

1944 年，荣格讨论曼陀罗的象征时引用的一张图，是四条“河”环绕而成的圆。

解释这些梦，会走入死胡同。因为小女孩从来没有接触过类似内容。这些梦明显包含集体表征，它们更像是原始部落里年轻人步入成人阶段时接受的教育，是原始的成人仪式的一部分。在这种仪式里，部落里的老人们会告诉年轻人：上帝、众神或者是作为“始祖”的动物有些什么样的事迹，世界和人类是怎样被创造出来的，世界末日什么时候会来临，以及死亡的意义。在现代，很多人在老年或临近死亡的时候会重新思考这些问题。这位做梦的小女孩，这两种情况都符合，因为，她正要进入青春期，即将成人，与此同时，也在接近生命的终点。这位做梦的小女孩在那个圣诞节之后一年去世了。荣格在第一次看到这个梦的系列的时候就有了强烈的不安与担心，但因为路途遥远，无法及时给予帮助。刚开始读到这些梦的时候，荣格就有一种不祥的预感，觉得它们预兆死亡。之所以有这种感觉，是因为荣格从梦的象征含义中发现它们特有的补偿性质，与这个年龄段女孩的正常意识正好相反。关于生与死，这些梦打开了一个新的、非常可怕的视野，更像一个回顾生命的人的状态，而非一个期望生命正常延续的人的状态，缺乏生命之春应有的喜悦与愉快。荣格的经验是：在死亡逼近时，对将死之人的生活和梦境都会投下阴影。所以，这些梦是通过小故事为小姑娘的死亡做的准备。

小女孩梦中的内容来自于她的集体潜意识，而与她的个人生活经历、个人潜意识无关。如果认为整个心灵世界就是我们日常感官感知到的一切，那么你就会错误地认为心灵在出生的时候是一张白纸，上面什么都没有，其后来容纳的仅仅是个人所获的经验而已。而我们意识做的主要工作就是强化这种观点，不断排斥与否定除了自身内容、意识内容之外的一切。但是，集体潜意识是一切心理活动的最根本，它自己做主，不受意识与个人潜意识的支配，是全人类心灵的古老记忆。

集体潜意识是分析心理学（不是精神分析）的根基，我希望已经说明白了。

记录
你此刻的心情

05

任何别人身上让我们发怒的东西，
都能够让我们加深对自己的了解。

《回忆·梦·反思》
（*Memories, Dreams, Reflections*）

05

意识的成长

The Development of Consciousness

在人类漫长的进化过程中，我们通常所说的意志力（free will)，自由意志，是近代的产物，是经历了漫长的进化过程的成果。意识越成熟，就离我们共同的根——集体潜意识越远。在古代，人类的意识、自我意识，还没有现在这样稳固。当意识刚刚萌芽的时候，个人与他人，个人与自然环境的界限并不是像现在这样明显——主体与客体（我自己与我周围的一切）的区分并不清晰。今天在某些美洲的印第安部落，人们相信他们的灵魂不只存在于他们的体内，还存在于村子里的大树上，所以当这棵树被破坏时，就毁掉了他们的精神，就像电影《阿凡达》里面那样。古代部落的人有时可以游泳穿过充满了鳄鱼的河流，那是因为他们认为鳄鱼是他们的兄弟，拥有共同的灵魂，所以鳄鱼不会伤害他们。这些我们认为“愚昧”的行为背后有其深刻的心理原因。古人的自我意识没有那么强烈，更容易与周围的一切，与自然、与人，融为一体，包括树和鳄鱼。他们的潜意识力量依然强大，意识的力量还很薄弱，他们最担心的事就是中了魔、丢了魂（潜意识淹没了意识）。经过了漫长的岁月，随着现代文明的到来，文艺复兴、启蒙运动，人类意识的觉醒与不断加强的标志性事件，人类的意识越来越与集体潜意识割裂，越来越成熟。现代人的意识就像聚光灯，能在一个时间段聚焦一个点，其他都在黑暗中。这种专注力很珍贵，造就了我们现代的文明。现代社会一切成就的基础都取决于我们的意志力、专注力，但也使我们付出了巨大的代价。当我们运用自己的意志力时，我们已经完全忽视了我们的原始心灵。

意识的成长史就是人类的成长史。整个人类心灵发展的历史可以简单地概括为从集体潜意识生长出意识的过程，这一过程经历了几万年。意识的产生意味着离开，离开母体（集体潜意识），进入一个有分别、有对立的世界。在最初的世界里，人和宇宙融为一体，就像在母亲的子宫里一样。描述意识在集体潜意识里面萌芽的过程是一个不可能完成的任务，最好的表达可以在道家思想中找到。从最初的无极渐渐到太极，太极已经离开了无极。之后就有了分别，有了比较，有了思辨。太极之后生出了两仪，两仪就是对立，就是阴和阳。

前面已经提到，集体潜意识是活跃的力量，随时向意识发送着信息。从远古以来，人类一直不断地与自己的潜意识打交道。在意识成长的过程中，人类找到各种办法抵挡潜意识的力量，以保护还很稚嫩的意识。在面对集体潜意识的强大影响力时，人类的意识在成长过程中自发地产生各种抵抗与协调机制，通过种种方式，建立中间地带，对潜意识的影响力做出缓冲，保护还在成长过程中的意识。抵挡的方式，就是投射，通过拟人化，把自己的潜意识力量投射到外部世界。这样做的结果就产生了众神的故事，这就是神话。可以说，神话不是人们编造出来的关于神的故事，而是潜意识心灵活动的拟人化。神话就是被误读的心理学。希腊神话中众神上演的悲欢离合时时刻刻发生在你我的心中，是我们心理活动的幻灯片，从古至今。

集体潜意识是活跃的力量，同时是自主的，我们无法对集体潜意识的力量发号施令。相反，这一力量对我们的心灵有着绝对的控制力，但又不留任何痕迹，“我”其实人微言轻。这种观点对我们平时的认知是颠覆性的。我们平时的认知是我决定一切，而不是被决定。在不知不觉中，集体潜意识无时无刻不在与我们的显意识互动。人类所有的心理问题，归根到底都是集体潜意识与意识的不平衡造成的。当我们过于注重自己的显意识，这是我们这个时代的特征，我们很容易偏激，完全依赖于理智、逻辑，忽视自己的情绪；而如果集体潜意识的力量过于明显，完全盖住了显意识，则会产生其他各种心理问题，甚至精神疾病。当集体潜意识的力量汹涌而来时，我们的反应往往是抵挡这种力量，方法就是把这种力量拟人化之后投射到外部世界。当抵挡失败时，我们的显意识人格被淹没，往往就会听到有一个声音在和你对话，或者上帝直接和你在沟通，等等，情况严重时就会出现人格分裂或多重人格。因此，了解集体潜意识并与之保持良好的平衡，是心理健康的核心。

在《回忆 · 梦 · 思考》(*Memories, Dreams, Reflection*) 中荣格对这幅图的描述是他小时候的一个清醒状态下的幻象：洪水将阿尔卑斯淹没，巴塞尔变成一个港口，停着帆船和一艘汽船，这是一座中世纪的小镇。

我们通常认为“自我”是我们心灵的主宰，一切听命于它，人生的一切悲欢离合皆因它而起。我的身体，我的房子，我的一切……“我思故我在”是我们这个时代心灵的号角，也是这个时代带给我们最大的误导！殊不知，作出思考的只是我们意识的中心而已，只是代表了人类心灵最表层的部分。我们最爱护的、胜于一切的“我”并不是我们真正的主宰。我们通常说的“我”只是心灵大海中的一个小泡泡，“如海一沤发”。基于这样的认识，现代心理治疗的目的就是要达到我们的意识与更广大的心灵力量和谐共处，与自己的潜意识相连接，达到动态的平衡。而东方宗教则告诉人们，真正的幸福来自于“我”与这些更广大心灵力量的融合，他们追求的是合一，而不是平衡。

记录
你此刻的心情

06

想要健康，
人类需要苦难。

《心灵的超越机制》
（*The Transcendent Function*）

06

原型（阿尼玛、阿尼玛斯及其他）

Archetype (anima, animus and other archetypes)

所有的原型都是集体潜意识的内容。原型是心理活动的母版，是所有概念的发源地，比如父亲、母亲、亲情、爱情。生活中所有的境遇都有着相对应的心理预设，这些预设就是原型，是先验（在事情发生之前）的存在。整个世界就是原型布下的一张大网，书写每个人的人生剧本。

集体潜意识中最著名的原型是阿尼玛和阿尼玛斯。每个男人的内心深处都有女性因素——分析心理学称之为阿尼玛，而女人心中的男性因素被称为阿尼玛斯。这可能有点不太好接受，难道说男人心中都住着一个女人，反之亦然？答案是：是的。男人的敏感、艺术气息，都来自于他的阿尼玛。阿尼玛作为原型的力量对男人的生活至关重要，在幼年时这个力量会被投射到他的母亲身上，在日后会投射到他的伴侣身上。这也是很多不幸婚姻的原因，因为大部分情况下男人们并不知道其实是他们自己内心深处的女人被投射到了他的另一半身上，当真实的另一半其实与投射不符时，误解就产生了。女人心中的男性因素原型是阿尼玛斯。女人的果敢与坚毅，尤其是在遇到人生重大危机时所激发出的巨大勇气，都来源于她的阿尼玛斯。但是阿尼玛斯也有负面的影响，有时在女人身上看到的固执己见、对一种观点深信不疑而不能接受任何不同的意见，都来自于她的阿尼玛斯。同样，男士的阿尼玛的影响也不总是积极的。一次某位男士梦到自己的妻子堕落，生活不检点，而实际情况是生活中妻子完全不是这样的人。这位男士感到很困惑，以为自己在梦中发现了妻子的秘密。其实，梦里出现的女人不是他的妻子，而是代表了他自己潜意识中女性的力量，是他自己心灵中的女性部分，他的阿尼玛。这个梦只是一个提醒，告诉这位男士，他自己的女性能量部分消极堕落（梦中出现的男人和女人大多数情况下代表梦者自己的阿尼玛和阿尼玛斯）。

原型是我们心理世界的根基，就像柏拉图说的先验的概念。打个比方说，原型是一个空的模具，是心理活动的模板，当不同的人遇到不同的情况时，就在这个模板上生成不同的内容，但主题（模具）不变。比如，在实际生活中会出现各种不同的母子/女关系，但都来自于母亲这个概念，都依托于母亲原型。实际生活中有多少不同的境遇、情况，就有多少种相对应的原型。

双母是另一个常见的原型。在内心深处，人们有着出生两次的原始心理内容。人们都希望有重生的机会，希望可以有机会告别过去的自己，而获得重生。双母其实就是双生（twice born），是人类心灵中代表重生的原型。这个原型最著名的例子就是达·芬奇的名画《圣母子与圣安妮》。弗洛伊德对这幅画的解释还是恋母情结，但是，如果你对原型有所了解，这是非常典型的心理原型——双母的体现。生活中这一原型的体现很多，比如人们经常用的教父、教母概念：除了亲生父母，在受洗的时候有了教父教母，仿佛获得了重生。

获得救赎与恩典是基督教的核心。救赎者也是原型，人皆有之，换句话说就是我们每个人心中都住着一个上帝。救赎者来自于英雄这一原型，是基督教产生之前全世界普遍存在的英雄拯救主题的延续。英雄这一主题存在于所有不同的文化中，从远古到现在，不同的表现形式只是表面的文化差异，故事梗概大体一致。首先英雄会遭遇极大的打击与困苦，被抛弃、被诬陷、受迫害。有时这些英雄被龙、鲸鱼或其他怪兽吞噬。但是最终英雄会战胜吞噬他们的生物，完成不可能完成的任务（在恶龙把守的山洞中取宝，杀死怪兽拯救整个部落——所有童话故事的原型）。有时智慧老人、天使，或神仙（取决于这位英雄来自于哪个国家）会帮助英雄完成不可能完成的任务。英雄力量达到巅峰之后回到人群中，拯救全世界。没有人知道这些主题是什么时候、在哪里起源的。我们唯一确定的是，每一代人都会发现这是一个古老的传统。英雄人物是一种典型的原型，作为救赎者，他也出现在各大宗教中。原型永不变，改变的只是它的表现形式，从盘古变成超人和蜘蛛侠，《封神演义》中的众神变成了漫威英雄。

达·芬奇的名作《圣母子与圣安妮》，荣格认为这幅作品是双生的心理原型的表达。

记录
你此刻的心情

07

不用攀比与算计，
每人的路各不相同。

《红书》
（*The Red Book*）

07

空间原型

Space Archetype

在荣格心理学中，集体潜意识里面最重要的内容是原型，荣格在他的著述中屡次从不同的角度提及。在前面我们已经讲解了四个重要原型：阿尼玛、阿尼玛斯、双母和英雄。在这一小节，我想再次强调的是，原型从古至今一直存在于我们的心底，我们的心理结构与以前没有区别，我们与古人有着相同的原型，只是表达的方式、显现的形式不一样而已。有一条贯穿古今的线，隐藏在我们所有人的内心深处。我想用空间概念，为大家展示在人类的心灵最深处，有着来自远古的记忆。

现代人与古人生活在完全不同的空间感觉之中。现代人是按照空间的功能来划分空间的。比如，办公场所、娱乐场所、家居环境等等。最普及和粗犷的划分是把空间切割为户内和户外两种。这些都是对空间在功能上作出区分。但对空间分隔的思维方式，古已有之。人类自古以来也习惯于对空间进行分隔，只是分隔的方式与现代人不同。对古人来说，宇宙中只有两种空间——真实的和不真实的，或者说神圣的与世俗的，无论户内或户外。什么样的空间是神圣（真实）的，什么样的空间是世俗（不真实）的呢？古代人相信自然中的某些事物是神圣的，或者是一块石头，或者是一棵树。但不是所有的石头或树都是神圣的，它们必须是特殊的石头或树，特殊之处在于它们是圣显，就是神圣的东西通过它们显现。神圣代表了一种不属于我们这个世界的力量，一种完全不同的存在。无论是最原始的神灵崇拜还是有组织的宗教，都毫无例外地以圣显为依据。圣石或圣树不是被作为一块石头或一棵树来加以崇拜的，它们之所以被崇拜是因为它们是显圣物，它们属于神圣领域。在古代，只有显圣物才是一个基点，是参照物，是人们得以确立方向的东西。它所在之处标明了一个中心，建立了神圣的空间。《圣经》中耶和华对摩西说："不要近前来，当把你脚上的鞋脱下来，因为你所站之地是圣地。"对古人来说，只有神圣的空间是真实的存在，在这之外全是不真实的。只有神圣的空间能给人们方向。

了解到这个情况之后，对我们了解潜意识有什么帮助呢？虽然当今社会对空间的划分已经彻底世俗化了，但古人对空间的划分方式是我们现在一切空间分类的起源。至今，古人对空间分类的思维方式依然广泛存在，例子在生活中随处可见。比如，百姓家的门槛，门槛是家的守护者，禁止人类的敌人、魔鬼或邪恶势力的入侵。各种文化中都能找到关于门槛的一系列仪式。中国在这方面有非常完备的体系，各种门神是这个体系的代表。门槛象征着两个空间的分割，它是从一个空间通往另一个空间的通道。门槛的这种原始意义不仅在中国，而且在古埃及和巴比伦等地也随处可见。再比如教堂、寺院等，对信徒来说，它们存在于与周围其他的建筑完全不同的空间之中。宗教场所的门，对信徒来说是从凡到圣的通道，也是两种生活方式的间隔。我们到现在也没有停止对空间的划分。

空间原型对现代人关于空间分隔的影响，除了上面的例子之外，还涉及其他方面：公司和家，异乡和故乡，等等。但是这种分隔不是性质上的分隔。对我们来说，这些只是功能或距离上的不同，没有质上面的区别。但古人不同，他们觉得真实的空间和不真实的空间是本质上不同的，他们对空间的分隔更加彻底。

空间划分中的一个核心概念是中心点。每一个圣显都标志着一个中心点。从古到今，人们在潜意识中都希望与中心离得越近越好。仔细观察之后可发现，全世界的人都对中心点有一种深深的、与生俱来的依赖。时至今日，耶路撒冷的圣殿被认为是宇宙的中心、基石所在的位置，人们称之为“大地的肚脐”。信徒们相信，世界的中心就在这里。在伊朗，人们认为他们的国土位于世界中心，是王权发源地，同时也是盛极一时的宗教——祆教创始人琐罗亚斯德的出生地。人们对中心点的迷恋随处可见，一个广泛存在于不同宗教中的例子是宇宙中心的大山。在各种不同的文化体系中，都有宇宙中心山的出现。所有的宇宙中心山都被认为是处在世界的中心。诸如印度的须弥山，伊朗的哈拉山，巴勒斯坦的基利心山。

在我们中国，当人们建设一个新的村庄时，往往会寻找一个自然的交叉点，在那里铺起两条垂直交叉的路。从中心点向外，村庄逐层向外扩展。村庄的中央经常留下一块空地，然后在这块空地上建一座庙。这样的村庄结构在全世界比比皆是，这也是人类社区的最普遍原型。

荣格这幅曼陀罗完成于 1922 年 11 月 25 日。在《红书》中他对这幅曼陀罗的描述是："火焰来自穆斯皮利，碰到生命之树。循环完成了，但这是在世界之蛋里面的循环。一个陌生的，尚未命名的孤独之神正孵化它。新生物在烟雾与灰烬中形成了。"

记录
你此刻的心情

08

思考是困难的，
所以大多数人只作评判。

《飞碟：关于在空中看到的物体的现代神话》
（*Flying Saucers: A Modern Myth of Things Sean in the Skies*）

08

时间原型

Time Archetype

上面提到空间原型是为了说明从古至今依然保持活跃的潜意识的原型力量。下面将以时间概念为例作进一步的说明。我们现代人普遍公认的时间观是线性时间观：历史在发展，时间是一条线，不断地向前延伸，直到永远。每一件发生的事都将成为过去，成为历史。我们所有人都将成为历史的一部分。人活一世，死不再来。我们已经如此习惯于这种想法与观念，对其有如此广泛的共识，以至于任何与此不同的看法都被认为是不成立的，甚至是愚蠢的。其实，现代的时间观在人类历史的长河中是很新的，是近代的产物。很久以前，人们对时间的感觉与现代人的感觉截然不同。古人觉得时间不是延续不断和直线发展的。时间对他们来说是可拐弯、可循环、可重复的，是可逆的。每个循环以重复性的节日或宗教仪式为节点，通过这些节点，人们被带回到宇宙生成之初，被带回到时间的起点。

在世界各地，最重要的节日是新年。在一年的最后一天，世界各地的传统都是人们想尽办法制造出能够制造的最大声响。在伊朗，人们击鼓；在一些美洲印第安部落，人们一起大声地吼叫；在中国，是放鞭炮。新年的驱邪活动，几乎覆盖了全世界。用这种驱邪方式，人们去除掉过去一年所有的污秽。但真正去除掉的，是过去的一年。然后，在新年的第一天，人们举行各种仪式和庆祝活动，庆祝新生活诞生。这些古老的仪式都是通过使用象征的方式重演宇宙诞生这一事件。新的一年开始了，是一个全新的开始。万象更新，人们获得重生，因为整个宇宙都重生了。历史每年得到更新，年复一年，人们都定期地回到世界的起点，没有历史，只有对重生的渴望。时间是可逆的，是一个循环。

在各大宗教里，循环的宇宙观随处可见。这种思维的一个典型代表就是印度人的思维。印度的思辨方式，精心测算了掌控宇宙生成及毁灭周期的节律。用来度量这种循环的最小单元为“由迦”，即“时代”。一个完整的周期或大时代（Mahayuga），由四个不等时长的时代组成，最长的一个出现在周期的起始阶段，最短的出现在周期的结尾处。第一个时代，圆满时代（Krta Yuga）持续了 4000 年，外加 400 年的黎明和同等时间的黄昏；随后是持续了 3000 年的三分时代（Treta Yuga）、持续了 2000 年的二分时代（Dvapara Yuga）和持续了 1000 年的黑暗时代（Kali Yuga）（当然，还外加其相应的黎明和黄昏）。因此一个大时代（Mahayuga）将持续 12000 年。随着每个新的时代持续时长的递减，在人类的层面，便相应出现了寿命的缩短，伴随着道德的堕落和智力的下降。这种包括生理、智力、道德、社会等层面的持续衰落，在从一个时代到下一个时代的黄昏期间发生。每一个时代都由一个黑暗的阶段走向结束。作为周期的结尾，第四个亦即最后一个时代来临的时候，黑暗将加剧。这个时代之后，最好的时代将再次到来，一个新的循环开始。一个时代（Yuga）等同于一个完整的循环，包括出生、持续及宇宙的毁灭，实现创造—毁灭—创造，从而进入越来越广阔的循环中。“神圣的时代”历时 12000 年，且每一年都持续了相当于人类的 360 年，从而形成了一个共计 4320000 年的宇宙周期。1000 个这种“神圣时代”组成了一个劫（Kalpa）。一个劫相当于梵天（Brahma）生命中的一个白天；另一个劫相当于一个夜晚。也就是说，1000 个 4320000 年才是梵天的一个白天。一个梵天的寿命是一百梵天年。但即使是梵天的生命，也无法将时间耗尽，因为神不是永恒的，且宇宙间的生存与毁灭实现了无限循环。梵天生了又灭，灭了又生，循环往复。

佛教沿用了“劫”的计算方法，把宇宙周期按照小劫、中劫和大劫的时间单位来划分。在不同的佛典中对划分的细节有不同的记载，但大致的轮廓是一样的。按佛教的说法，依我们地球人的寿命计算，从人类一生的寿命是八万四千岁开始，每过一百年减短一岁，减至人类的寿命仅有十岁时，称为减劫；再从十岁，每一百年增加一岁，又增加到人寿八万四千岁，称为增劫。如此一减一增相加，总称为一小劫。二十个小劫，称为一个中劫。据佛典中说，我们所处的地球，共分“成、住、坏、空”四大阶段，也就是形成、保持、毁坏、空无一物四个阶段。每一阶段的时间过程，均为二十个小劫。

这张曼陀罗是荣格的一位男病人在治疗过程中自发完成的作品。中心是发光的花朵，星星依次绕其旋转，花的四周是有八扇门的墙，整体是一扇透明的玻璃窗。

经过成、住、坏、空的四个中劫，便是一个大劫；换句话说，一个完整的宇宙周期，便是一个大劫。

这种时间循环的观点，依然支配着我们现代人的生活，只是埋藏得更深了。尽管现代人仍在庆祝新年，但对这些活动的真正含义已经忘却了。代表宇宙生成的仪式不光是在新年才举行，人生中比较重要的时刻，都会举行这样的仪式。每一个世俗仪式，包括婚礼、婴儿出生，都代表了一个新的纪元的诞生。可以说，所有的节日和庆祝活动，都是人类潜意识渴望回到原点的表现，这种渴望最普遍的表现就是生日庆祝。

记录
你此刻的心情

09

生活需要的不是完美，
而是完整。

《心理学与炼金术》
（*Religion and Alchemy*）

09

曼陀罗与真正的自我

Mandala and Self (not self)

曼陀罗出现在荣格的许多著作中，但正如其他许多主要概念一样，系统性的描述也许对所有大师来说永远是一个难题。对曼陀罗比较详细的描述出现在荣格最后一本专著《神秘融合》中。曼陀罗象征（也是原型之一）第一次引起荣格的注意是在他的临床实践中。在大量的治疗案例中，曼陀罗反复出现，荣格开始深入考察这一古老的象征。

很多人第一次接触曼陀罗可能是在佛教密宗中的坛城，那是典型的曼陀罗。其实曼陀罗象征在生活中的投射无处不在：佛教的万字符、车轮辐条、巴黎城俯瞰图、麦圈，都是曼陀罗。小到车轱辘，花朵，大到城市规划，都是曼陀罗象征的体现。凡是从一个中心点向外发散的对称结构都是曼陀罗。在荣格心理学中，它是原型之一，有着更广泛的心理的含义。荣格反复提到这个原型是因为曼陀罗在人类心灵中的特殊地位，他认为曼陀罗的中心点是心灵的发源地，是根源之所在，并代表着心灵量的整合。它代表了人类心灵的真正的自我，而不是我们意识的自我。前面已经提到，人类对中心点有一种与生俱来的依赖，这也是曼陀罗原型力量的体现。最初，围绕这个中心点的是正方形的图案，四个角代表所有以四为基础的任何组合：四个方向、四季、心理的四种类型，等等。我们所做的一切努力（包括进行心理分析治疗）都指向通过提纯使这个四方的曼陀罗变成圆形的，从而回到心灵的本源——曼陀罗的中心。荣格认为这个中心代表了真正的自我。

这张吉尔卡麦什（Gilgamesh）的画像酷似威尔姆·史密斯（William Smith）的《简明希腊和罗马神话词典》（*Dictionary of Greek and Roman Biography and Mythology*）中的一张图，荣格藏有此书。

在荣格处理的大量案例中，患者经常梦到方形的房间、桌子，或者圆形的花园中间有一个喷泉、时钟，等等，大量的曼陀罗象征。随着患者的治愈或情况逐步好转，曼陀罗象征会更加频繁地出现，代表着心灵整合的进展。佛教密宗中的所有坛城都是曼陀罗，修炼者对坛城的持续观想会直接影响观想者的内心世界，这是一个不断整合而不断趋向中心点的过程。

我以几个荣格病人的梦的案例，进一步说明，在病人不断好转的过程中，心灵力量整合的象征（曼陀罗）一定会出现在梦中（有下划线的部分代表曼陀罗的图形象征）：

（1）女人打开自己的面纱，金光四射。

（2）父亲大声喊道："那就是第七个！"（七代表圆满，或一个阶段的结束）

（3）梦者的母亲把一个容器里的水倒到另一个容器里。

（4）一个不认识的女人在追赶梦者，他一直在绕圈跑。

（5）梦者梦中见到自己、他的爸爸、妈妈和姐姐一起站在一个大的台子上面，情况危险（四也是曼陀罗）。

（6）海里藏着宝物，要找到它就要穿过一个很窄的口，虽然危险，但是在下面他会发现一位同伴。他纵身跳下去，发现在深处有一个左右对称的花园，中间是喷泉。

记录
你此刻的心情

10

当爱支配一切时，对权力的欲望就不存在了；
当权力主宰一切时，爱就消失了，
两者互为对方的影子。

《潜意识心理学》
（*The Psychology of the Unconscious*）

10

自性化

Individuation

自性化在荣格的文献中经常被提到，有着大量的文献记载，但是分布在不同的著作中。自性化在分析心理学中的重要性怎么强调都不过分，它代表了一个完整的治疗过程，是所有学习分析心理学的人们必须了解的内容。用最简单的语言描述，自性化是分析心理学的治疗过程，是一个寻找曼陀罗的中心点（真正的自我）的过程。荣格对这个主题的讲解次数不少，但相对分散。荣格在有生之年也曾经感慨，自己写的东西总是无法做到通俗易懂，逻辑主线清晰。读他的书需要抱着在森林里寻宝的态度与耐心，才能渐渐地把相关内容有效地串联在一起。

自性化的大致过程可以高度概括为：这是一种意识扩大的过程。我们意识的扩容、意识内容的丰富，与我们的幸福感成正比。我们的意识能包容的内容越多，我们就越可以超越我们的困境，无论是心理的还是生活实际的。所以治疗的过程归根结底是意识吸收更多内容的过程，而集体潜意识的内容自然带来自我意识的扩展。当我们的意识融入更多的潜意识内容时，两种内容在结合之后就产生了原来意识的中心点的位移。新的中心是对之前自我的提升。新的意识中心形成时，我们之前魂牵梦绕的问题就变得没有那么重要了，之前的问题就解决了。生活中的问题有时是无法解决的，但是是可以被超越的。意识不断地与潜意识和集体潜意识接触，是解决问题的开始。所以自性化的过程开始于和潜意识的对话——梦的解析，因为梦中包含着潜意识的信息。整个自性化过程都贯穿着梦的解析。在医生的引导下，患者不断在意识中融入集体潜意识的内容，达到互动平衡的同时，使意识扩展到新的高度，找到荣格心理学中新的意识中心。当人生整个的意识中心都位移了的时候，同时心灵力量更加有序，前一阶段出现的问题都迎刃而解了。在这一过程中，梦中会出现许多整合的象征，标志着治疗进展的方向，就像是心灵朝圣路上的路标。这些路标的内容与炼金术内容吻合，与许多宗教和神话主题一致，包括曼陀罗图案。

在医生的指导下，以分析梦为核心的治疗方法贯穿整个自性化过程。但同时这种方法也面临着一个问题，那就是很多人不做梦，或者很少做梦，或做了梦也记不住。也就是说，治疗的原材料——梦，是可遇不可求的。荣格意识到了这一问题，于是创造了一个不依赖梦而可以和自己的潜意识对话的方法，这就是荣格心理学中著名的积极联想（active imagination）。这个方法是荣格心理学中非常著名的方法。这个方法是这样的：找到一个安静不被打扰的地方，让自己完全安静下来（姿势随意）冥心静想，然后抓住头脑中出现的一个画面，不一定是第一个，但是是你想要抓住的。之后，你要想象自己进入画面，成为这个画面的一部分。这时，你完全融入这个画面，这个画面变活了。你放松自己，作出任何你自发的反应。就像是在心中放了一部电影，但你不只是观众，而是演员。这一过程与冥想练习相似。举个例子：荣格自己在一次积极联想中，出现的画面是一个山坡，但不知道山坡的另一面是什么，他将自己置于画面中，开始爬坡，爬到山顶以后，看到了山的另一面的景象。荣格就是利用这种方法帮助自己度过了与弗洛伊德决裂以后数年最艰苦的时光。在没有人可以交流的情况下，他开始与自己的内心对话。无数次，他自发地坐在书房的桌子边，让自己的心沉入潜意识中。

在与自己的潜意识对话之后，这个过程还没有结束，还需要把所有细节都记录下来。积极联想之后记录下来的内容大体可以分为两类：（1）有些艺术素养、喜欢画画的人会以图像的方式记录下来这个过程的内容。就像荣格自己，《黑书》（《红书》的基础）里面的图画都是荣格自己画的。他在这一过程中还画了大量曼陀罗图案（《金花的秘密》），都是他的心灵内容的自然体现。这一方法的弊端是，人们往往会把这些内容误认为是纯粹的艺术表达而忽视了它的心理学含义，往往产生一种自己也许有艺术天赋的感觉。（2）对文字有天赋的人会把内容用文字记录下来。这一方法的短板是哲学化，过于形而上学，离本能太远。

总之，这两种方法记录下来的内容可以取代或补充梦的内容，作为治疗的原材料，进行分析。

四周有围墙和壕沟的要塞，里面一层是有围墙的较宽的壕沟，上有 16 座高塔。再里面一层的沟渠围绕着一个金顶城堡，里面是一个金庙。这个图充满了中国元素，在荣格画完这幅图不久，就收到了汉学家卫礼贤的《太乙金华宗旨》的翻译稿。

记录
你此刻的心情

11

一切努力的前提是我们先接受目前的困难。

《寻找灵魂的现代人》

（*Modern Man in Search of a Soul*）

11

面具与阴影

Mask and Shadow

集体潜意识中，除了各种原型，还有一个重要内容，是人格面具。人格面具人人都有，因为人们活着就要适应社会。为了这种适应，我们需要把一些真实本性的东西隐藏起来，就像演戏一样，为了适应不同的人和情况，我们需要人格面具。在生活中，人们作出从事某种职业的选择后，他就会下意识地去适应自己的这个身份，建立与这个身份匹配的人格面具。如果你是商人，你要尽量显得有决断力，有魄力。如果你是作学术研究的，你至少会希望自己显得比较严谨或有思想深度。一个艺术工作者经常是不修边幅，穿着很随意，不拘小节；但也许内心深处很注意细节，充满了各方面的计算，对自己的生活很有规划。他随意的穿着与不拘小节的做派只是他为符合自己的身份所作出的努力。用比较网络化的语言解释，人格面具就是一个人的人设。虽然面具是虚伪的，但又是必须的，我们只要和这个世界接触就需要它，就像俗话说的，人靠衣服马靠鞍，人格面具就是我们心灵的衣服。

而所有那些不完美，所有那些需要面具遮挡的内容，我们叫作阴影，它是潜意识里面另一个十分重要的内容。阴影代表了所有我们被压抑的欲望和绝对不会容许我们自己去做的东西，即所谓的黑暗势力。这些阴影随时存在，我们不关注它们，但并不代表它们不存在。在本书开头我们提到，大家都应该有过这种经历，突然之间心情很烦躁，或很低落，或感到一股莫名的惆怅，但又没有什么明显的原因，这就是阴影在起作用。有的时候情况会更严重，有些罪犯在犯罪时就是一念之间。记得几年以前在电视上的一个新闻，一位出租车司机奸杀了一位女乘客。当他的家里人和邻居获悉这件事后都非常震惊，因为这位司机一直是一个老实巴交的人，甚至邻居们评价他是一个好人。当记者采访这位司机时，他说当时不知怎么地有一股冲动，就做了自己事后也不敢相信的事，这就是阴影的力量。人们在心灵成长的过程中第一步要做的工作就是透过自己的面具直面自己的阴影。每个人都有自己的面具和阴影，我们都应该至少试图去了解自己的阴影，这样的努力对生活有着实际的意义。

那么有什么比较简单的方法可以使我们更加了解自己的阴影呢？毕竟我们不可能人人经常去作心理分析。一个比较简易的方式是，去想一想生活中有没有什么人你就是喜欢不起来，而这个人没有做任何具体的事使你不快，甚至他 / 她还可能对你很热情。那么这时你可以仔细想一想，这个人到底在什么方面让你不喜欢。往往，这个人最让你不快的品质，就是你自己的阴影。人们总会在潜意识中把自己的阴影投射到他人身上。

讲述到这个阶段，我相信读者朋友已经对潜意识的内容有了基本的了解。这里我们稍作停顿，对前面的核心概念做一个简单的回顾：

我们能够感知到的心理活动，比如我们笑了，我们哭了，我们伤心，是我们的意识层面，是我们能觉察到的。我们平时称作“我”的这个概念只是感知外部世界的心理过程。人类最核心的分界、界限发生在我和我周围的一切之间。我们所有的努力就是让这个我高兴、满意。而所有那些我们感知不到的心理活动，我们叫它们潜意识。弗洛伊德和荣格都认为：莫名的情绪，不自觉的投射，其实都来自于我们心灵的潜意识，是我们平时意识不到的部分。

荣格对人类最大的贡献是发现了集体潜意识。这是荣格心理学的核心，也是造成荣格与弗洛伊德分道扬镳、从精神分析派出走、最后自立分析心理学的原因。荣格在治疗过程中，在对成千上万的梦进行个案分析的过程当中，发现一个现象：无论这个病人来自哪里，有什么样的背景，梦中经常会出现相同的主题，而且这些主题往往是宗教的、神话的。小红帽的故事、美女与野兽在所有人的梦里出现，相同的故事梗概变换为不同的形式。这一现象引起了荣格的注意，他进一步的研究发现，在潜意识心理的下面，还有人类最深层的心灵力量，荣格称其为集体潜意识。称为集体是因为它与之前提到的个人的潜意识不同。个人的潜意识包含所有个人的生活经历，而集体潜意识是人类精神共同的主题，

此图来自荣格的《红书》。这是洒圣水者，卡皮里（Cabiri）从长在恶龙身上的花中生长出来，上方是神庙。

是人类远古以来共同的心理沉淀。这些心理内容超越个人，全人类共享，也就是说，人类在心灵的深处是相通的。我们的意识，与集体潜意识比较起来，就像是大海中的一座孤岛。集体潜意识浩瀚无垠，像宇宙一样广大。我们的意识自我，平常叫作我，只是这心灵宇宙中的一粒尘埃。这样的比喻并不过分，因为集体潜意识的广大是无法想象的。我们的意识经过多年的发展，在自以为是的路上越走越远，已经彻底忘记了我们共同的心灵家园。我们没有提取任何集体潜意识的巨大能量。它们没有为我们所用，被挡在了我们意识之外。

记录
你此刻的心情

12

婚姻很少或从来不会不经历一些磨难就顺利发展为个性化的关系，
正如痛苦之后才有醒悟。

《分析心理学文稿》

（*Contributions to Analytical Psychology*）

12

人生的阶段

Stages of Life

荣格对人生的不同阶段做了心理学的研究，非常精炼地对各个阶段的特点和遇到的挑战作了总结。

从婴儿期开始，自我意识开始逐渐形成。意识在开始渐渐地形成之初，还非常不成熟，就像是在潜意识的大海中零星分布的小岛，随着成长才一点点连成陆地。心灵的成长——自我意识的成熟，往往发生在青春期。这一阶段意识的成熟同时伴随着身体方面的成熟，身体特征的变化也同样促进意识的加强。

意识的成熟是个比较复杂的过程，同时受到来自自体、家庭与社会的影响。在这一阶段，对未来的期待、对成功的渴望、实现自己的目标与满足自己的欲望所付出的努力，会掩盖很多需要处理的问题。社会的标准是人需要成功，奖励的是个人成就而不在乎个性的成熟。在这一阶段我们解决问题的方法通常就是把自己的注意力集中在可见的成就中，所有的过往经历都在不知不觉中被压制，让位于对未来的渴望，满足未来的需求是最大的动力。

数据告诉我们，人在四十岁左右是最容易抑郁的，女人要更早一些。在这一阶段，人的精神世界发生重大的转变，这也是荣格重点研究的阶段。这些变化经常都是在不经意间到来的，有时是性格小小的变化，有时是青春年少时的一些习惯再一次出现在生活中。有时生活中的一些信念和原则变得更加强烈甚至僵化，尤其是到了五十岁左右，会变得更加不包容，好像这些生活中的原则如果没有不断被强调就会被抛弃似的。

人在进入中年阶段时遇到的最大问题与上一个阶段一样，人们会在潜意识中拖延进入中年的状态，希望还保留青年时的心理。在人生的每个阶段结尾时，都会伴随出现类似的潜意识中对下一个阶段的抗阻，这种抗阻如果过于强大往往会引起神经功能方面的问题。在现代文明开始之前，所有人生阶段的转折点都有固定的仪式来帮人们度过关键节点，比如成人礼、婚礼，等等。通过仪式的举行，在心理上为下一个人生阶段作好了准备，甚至达到重生的效果。在这一点上，古人是幸运的。在目前已经完全世俗化的社会中，仪式感已经大不如前，而就算仪式保留了下来，人们也已经忘记了它的含义。现代文明的代价之一是我们的意识心灵失去了所有仪式的包裹而直面生活的风雨。

为了更加明确地展示人生的不同阶段，荣格采用了他著名的太阳比喻。在清晨，太阳渐渐从黑暗中升起，展望着由不断上升带来的不断扩展的视野，一步步实现自己最强的光辉与最崇高的位置。但是，就在到达顶峰的一瞬间，下降开始了。太阳向下进入自己的对立面，下降带给人们的最大变化是之前深信不疑的信念会有 180 度的转变。这样的一个心理过程也体现在身体层面，女性中年之后的男性特征会增强，而男性会慢慢偏女性化。经常出现的情况是男性在这个阶段渐渐减弱之前的雄心壮志，而女性会在四十岁左右发现自己刚刚觉醒，心志反而愈加坚定。

众所周知的事实是我们与自己父母的关系直接影响我们与伴侣的关系。与生活中的其他方面一样，我们自以为深思熟虑的选择往往是我们潜意识的选择，而不是我们的意识头脑的选择。父母对孩子的期望一般是父母对自己遗憾的补偿，这种方式也同样会影响到孩子们长大后对婚姻对象的选择。比如，一位母亲在潜意识中不断暗示自己的婚姻是和谐美满的（与实际不符），她就会在潜意识中紧紧抓住自己的儿子去代替她的丈夫。这样的结果是儿子会违背自己的心愿找一位伴侣，而这位伴侣不是非常脆弱以至于不可能与他的母亲竞争，就是非常强势以至于可以把他在心理上从母亲身边带走。

除了父母对孩子的影响，人到中年心理的变化也深刻影响婚姻关系。如前所述，在这一阶段人们的潜意识状态已经发生了很大的转变，而这时往往意识状态带着之前的惯性还没有跟上节奏，这种心理状态的错位会给人带来一种莫名的不满。这种不满往往会在婚姻关系中投射到伴侣身上。如果幸运的话，这种潜意识的转变在双方的心理同时发生，但是大概率事件是夫妻双方的心理转变节奏与心灵成长的成熟度是不匹配的。心灵成长与潜意识变化的节奏与我们的和谐婚姻息息相关。

此图出自荣格《红书》。吉尔卡麦什（Gilgamesh）是半人半神，传说中的苏美尔国王。荣格自己的很多图画都与他有关。荣格说此图表示了吉尔卡麦什从蛋中重生。

记录
你此刻的心情

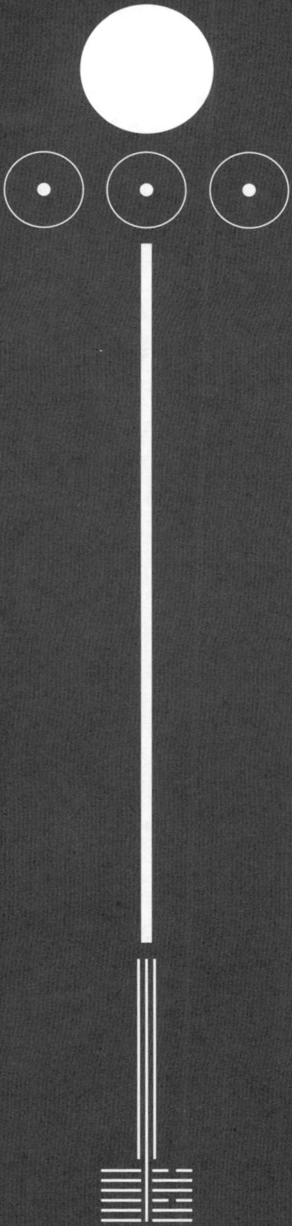

13

就算世界崩溃了，
心灵的整合依然完整。

《文明的演变》
（*Civilization in Transition*）

13

Dreams 梦

大家对梦的看法通常是生理现象，是睡眠中产生的自然现象，这样的观点是不全面的。前面已经提到，我们要研究梦的原因，就是因为梦里饱含了潜意识的信息，可以帮助我们了解潜意识的内容。通过了解与沟通，达到意识与潜意识的平衡，不会被潜意识中的能量吞噬或过度干扰。绝大多数的心理问题都来自于潜意识内容的干预，当潜意识的内容强大到一定程度，我们的正常思维就不能工作了，这就会导致我们常说的神经病。

如前所述，意识在我们不能察觉的情况下受制于潜意识。潜意识不受我们的控制。我们的意识就像是心灵城门的守卫，随时抵挡着潜意识发出的信息。梦介于睡眠与清醒状态之间，在这个状态下，意识的能量最低，不可以像在清醒状态，可以轻松抵制潜意识的力量。城门的守卫也有打盹的时候。潜意识的内容就在意识最薄弱的时候，突破意识的防线，通过梦进入我们的视野，进入我们的意识。梦是潜意识的信使。正如荣格所说：梦是意识与潜意识的桥梁。

但梦的语言是难懂的，支离破碎，不合逻辑，有时简直是荒谬的，常常与我们的现实生活完全不符。在这种情况下，梦就会被认为是没用的，全是胡思乱想的东西。人们对自己完全不了解的东西就会置之不理。那么为什么梦如此混乱而不切实际呢？那是因为潜意识内容传递过来时，经过了意识的检查与过滤。睡眠中意识的防御力量减弱了，但并不等于消失了，潜意识的内容只有乔装打扮，才可以顺利过关。所以，梦境的内容几乎都是象征性的，而不是直截了当的。也就是说，不是一种直接的表达、逻辑化的表达，而是绕了好几个弯，结果造成梦的内容象征化，变得扭曲、浓缩、模糊。比如，生活中你很快会遇到你生命中的贵人，这时你可能会梦到在山中行走，遇到一只大老虎，而老虎在梦中往往象征着贵人；你不会梦到有人递给你一

这是一张圣童的图画，它意味着
一段长的历程的完结。

张纸条，上面写着：你要遇到贵人了。再比如，你梦到装修房子，其实房子一般代表个人的内心世界，象征着你的心灵，这个梦说明你可能正在经历某种内心世界的变化，大的变化，甚至是人格的改变，而不是说你真的很快要买房了。这些例子是要说明，梦的表达永远是象征性的，老虎、房子都是象征。潜意识的内容在突破意识的防线时作出了牺牲，所有的象征都是化过妆的潜意识内容。

每个梦境都因人而异，不能一概而论，所以总结出版一本可以随时查阅梦境的辞典基本是不可能的。但有一点可以确定：不要忽视梦，简单地认为它是睡眠的副产品，一种生理现象。当然，不是所有的梦都是信使，有时候你梦到吃东西就是因为你晚饭没吃饱，或者尿急时梦到四处找厕所。记得多年以前读到一个故事：一个比利时的数学家在自己的枕头边放了一支笔和一张纸，准备随时记录自己的梦境，期望抓住里面的灵感。一天半夜醒来，他很激动地记下了自己的灵感。第二天早上，他发现自己写下来的是一个公式：香蕉皮的表面积永远大于香蕉本身的表面积。大多数情况下，都是日有所思，夜有所想。但是，尤其是有过这方面经历的读者朋友会知道，有的梦是有预示性的，就好像潜意识已经先于我们的意识，对事物有所了解。生活中这种带有预示性的梦还是比较常见的。几年前我认识的一位韩国朋友，他在和他交往了七年的女朋友分手之前连续做了几次同样的梦。他梦见他在楼上的窗户里目送楼下的女朋友离开，挥手向她告别，想说话但是说不出来，这个梦不断重复，每次都是到这个场景时结束。在连续做这个梦的一星期以后，他们分手了。其实，潜意识想告诉这位朋友，没有后续了，他俩的故事到此结束了。我相信，如果你去留心，生活中这样预示性的梦有很多。

记录
你此刻的心情

14

我们看待事物的方式决定一切，
而不是事物本身。

《寻找灵魂的现代人》
（*Modern Man in Search of a Soul*）

14

梦的类型

Dream Types

下面我以荣格自己的、他的病人的及人们在实际生活中遇到的一些梦，给梦做一下分类。

（1）大部分梦是日有所思，夜有所想，是平时显意识在夜里睡眠时间的反映。

（2）补偿性的梦，这类梦很常见。举个例子，荣格的一位女病人，非常聪慧，受过高等教育，但是刚愎自用，非常固执，她不愿倾听任何人的意见。一天她梦见自己被邀请去参加聚会，她迟到了一会儿，门口的朋友告诉她大家都已经在里面等她了。她推门进入，发现里面是一群牛，她一步跨进了牛棚！这就是一个补偿性的梦，潜意识对这位女性的意识发出提醒，告诉她：她的态度需要转变了。梦的一个重要功能就是对意识的补充、补偿、提醒。再举一个荣格病人的例子。这位先生的生意做得不错，他的一大爱好是登山，经常去爬一些险峻的高山，而且乐此不疲。一次他梦见自己在一次登山中，在爬到山顶后一步跃入空中。荣格在听到这个梦以后，有种不详的预感，马上提醒了这位先生。不久之后，根据当时目击者的描述，他在山顶纵身一跃，就像是跨了一大步，跳下深渊。这个梦也是潜意识向梦者发出的重要信息，提醒他一定要注意了。再比如，还有时人们会梦到自己和亚历山大大帝是朋友，和拿破仑吃完午饭以后和伊丽莎白女王一起喝下午茶。这位梦者非常有可能有强烈的自卑情结，梦对他来说是一种平衡，对自卑的补偿。

（3）大梦（借用美洲印第安部落首领对这类梦的称呼），这一类梦我要作出重点说明。所谓大梦，就是有预示性的梦，这样的梦是最直接来自于集体潜意识的表达。举个例子：一个朋友从小在湖南农村长大，经常骑着一辆自行车在村里的土路上骑行玩耍。一天夜里她梦到一位白发白胡须的老者，对她说："别动"，说了三遍之后就消失了。第二天她在骑自行车的时候在路上摔倒了，这时候一辆给村里运土的大卡车疾驶而来。她突然想起自己的梦，马上趴在地上不动。卡车呼啸而过，她毫发无损，她正好躺在车轱辘的中间（白发老者代表智者原型，是阿尼玛斯的象征）。

再举一例：一位朋友在美国读书两年以后，在所在的学校出了一些状况，需要转学离开。在最焦灼的时候，他做了一个梦。梦见自己的房间正在施工，一片混乱，这时来了一辆小火车，他跳了上去，离开了这个地方。在火车上坐下来后惊讶地发现他的导师教授也坐在车上。下一个场景（请记住，梦是不连贯的），他的面前有一座山，山的顶部有三个山洞，里面坐着三个人。第一个洞里是一位瘦高个的中年男人，头发梳了个马尾辫。第二个洞里坐着一位微胖、皮肤黑黑的女士。第三个洞里是一位很胖的白人男士。下一个场景是他先在第一个洞停了一下，接着是第二个洞，最后在第三个洞停了下来。刚刚做完这个梦之后他感到很困惑，不明白其中的意思，但是这个梦给他的印象极其深刻。直到两年多以后，他已经回到北京，一天走在繁华的北京街头，突然在一刹那间，这几年的生活在心中闪过，他一下子明白了这个梦的含义。实际生活中发生的事情是这样的：在院系里面一片动荡的时候，他转学离开了大学，而且惊讶地发现他的教授也因为种种原因离开了，去往东部的一所名校。他转去的大学是科罗拉多大学，整个大学非常漂亮，就坐落在落基山脚下，校园四周群山环抱（这就是梦到的山）。到学校报到，系里的负责人是一位瘦高个的男士，梳着马尾辫。第一学期只学了一门课——印第安人宗教，授课的教授是一位印第安人女士，皮肤黝黑，微胖。之后他正式选择了自己的导师，是一位胖胖的白人教授（三个山洞的含义）。他做的梦，是对他两年多的全部生活经历的预告。

最后，我以两个荣格自己的梦为例，进一步说明：在重要的人生节点，荣格都做了“大梦”。

（1）在开始研究炼金术的几年前，荣格持续做同一个梦。他梦到自己的房子中有一间边缘的房间他从未进去过。在这个房间里面有很大的书架，里面的书又大又厚，很古老，书中图案古怪到他完全看不懂。他在多次做了这个梦之后，一次机缘巧合，他在书商那里预定了他的第一批有关炼金术的书籍。当这些书到了以后，他打开发现里面的图案与他梦中书籍的图案一样，他才意识到他的梦和炼金术有

关于此图，荣格自己的解释是：“如果你将弧向前移，你便在下方造出一座桥，并从中间向上和向下移动，或者你将上和下分开，再次将太阳分开，像蛇一样向上爬行，并接收到下方。你带着自己的体验，继续向前寻找新的东西。”

关。他之后开始了炼金术的研究，在研究开始以后，他的梦就停止了。

（2）荣格在和弗洛伊德决裂之前，他们曾被邀请到美国克拉克大学做讲座。在漫长的海上旅途中，他们两人开始互相分析对方的梦。一次荣格梦到他发现自己住的房子里面还有地下一层，里面充满了13、14世纪的家具。之后他发现还有一层在下面，充满古罗马时期的装饰，在这一层的下面的一层是远古时代的环境，房子中间地上有两个骷髅头。弗洛伊德对这个梦的解释是荣格在潜意识里面盼望家里某个人或是弗洛伊德自己早点去世。荣格对这个解释非常不满意，但没有直接和弗洛伊德说，并对这个梦一直感到很困惑。一段时间之后在突然的一瞬间，完全没有准备的情况下，荣格自己悟到了这个梦的含义：这个梦是关于他自己，他自己的内心世界，他的心路旅程。他对自己内心的探究与心理学研究在之后的岁月里都是沿着这个路线在发展，不断地接近最初的源头，直至远古。

记录
你此刻的心情

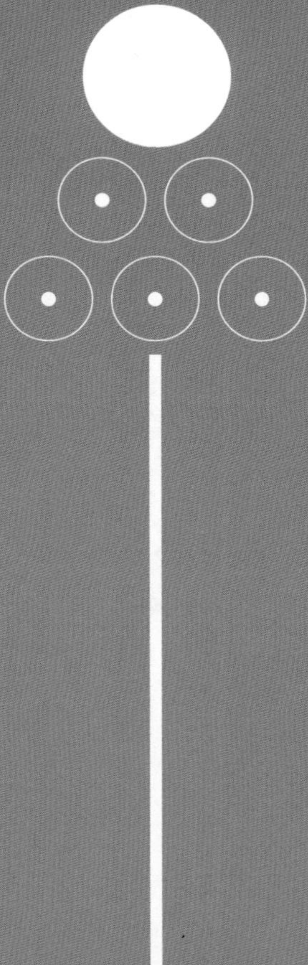

15

最微不足道但有意义的事情
也比最伟大但无意义的事物更有价值。

《寻找灵魂的现代人》
（*Modern Man in Search of a Soul*）

15

哲人石

Philosopher's Stone

说到荣格心理学，不可能绕开炼金术，他是荣格后半生的关注中心，也与我们的心理息息相关。荣格去世之前的最后一本专著《神秘融合》就是专门研究炼金术的，这本书他写了几十年，可以说是他心理学的“皇冠”。也许大家会很好奇，这样一个已经销声匿迹的活动怎么会引起荣格的注意，并使他愿意付出几十年的时间加以研究，它与我们的生活有什么关系。荣格对炼金术的兴趣开始于他的治疗。在大量的病例中，荣格遇到很多他看不懂的象征图案，直到他买到人生第一本炼金术图书，才发现了这些象征都与炼金术有关。下面我向大家揭示炼金术的秘密。

首先从炼金术的目标开始。人们对炼金术最大的误解就是认为它的目的是炼黄金，是一种很久以前的迷信、巫术。在西方炼金术中，炼制的最高成就是获得哲人石，就是《哈利·波特》里面说到的哲人石，而不是黄金。在中国，炼金术是炼丹，金丹代表炼金的最高成就。哲人石的第一个特性是将金属转变为黄金的能力。用维拉诺瓦的阿诺德（Arnold of Villanova）的话来说："在自然中生活着某种纯粹的物质，一旦被发现并完善，会将它所触及的任何不完美的东西转变为与它相同的物质。"《炼金之镜》（*Speculum minus Alchimiae*）中写道："这种方法教我们如何制造一种叫炼金药的良药，此药一旦淋到不完美的金属上，就能使之彻底变得完美。正是由于这个原因，炼金药才被发明出来。"而黄金恰恰代表了物质的完美状态。在吕利（Lully）的《实践》（*Pratique*）中写道："春天，哲人石以其巨大且不可思议的高温，赋予植物生命：如果把一粒盐大小的哲人石溶解在水里，取出能装满一个果壳这么多的水，将水浇到藤本植物的砧木上，那么这个藤本植物的砧木到了春天会结出葡萄。"以上的例子说明，炼金师们在炼金术中

1913 年和 1914 年荣格看到了拉文纳（Ravenna）的镶嵌画，这些画给荣格留下了深刻的印象。

追求的目标是得到哲人石，他们视之为世界上最高级的东西，哲人石加速一切有机体的节律，使自然界不完美的东西迅速完美。炼金术的最高成就体现在获得哲人石，而不是黄金。黄金只是它的副产品之一。

哲人石的另一个特质和我们的身体健康息息相关。阿拉伯的炼金师最早发现了哲人石的疗愈功能。正是通过阿拉伯炼金术，长生不老药才传到西方。罗吉尔·培根（Roger Bacon）虽然没有用“长生不老药”这一表述，但是在他的炼金术名著《大著作》（*Opus Majus*）中提到“有一种药能去除最粗劣的金属中的杂质和瑕疵，能洗去身体上的不洁，能使身体不衰退甚至延寿几百年的程度”。用维拉诺瓦的阿诺德的话来说：“哲人石能治愈一切疾病。一天内它能治愈持续一个月的病，十二天内它能治愈会持续一年的病，一个月内能治愈会持续更长时间的病。它能让老人重返青春。”

除了上述这些特质之外，哲人石的概念还融合了很多神迹。拥有哲人石的人被认为是不会受伤害的。荣格的著作中提到的《三位一体之书》告诉我们：“手中握着哲人石，握者就会隐形。如果哲人石被缝在质地良好的亚麻布里，将亚麻布紧紧缠绕身体使石头变热，那么人就能够离地上升，想升多高就升多高。”这些特质与瑜珈修行者以及印度炼金师著名的神功——隐身、升空以及神秘飞行非常相似。

总而言之，炼金术的最高成就是获得哲人石，它可以点石成金，也可以使人长生不老，是治愈一切的灵丹妙药。

记录
你此刻的心情

16

一个人感觉合脚的鞋会夹痛另一个人；
适用于一切的生活处方并不存在。

《寻找灵魂的现代人》

（*Modern Man in Search of a Soul*）

16

炼金术的真相

Alchemy in
Its True Sense

东西方的炼金术在具体操作的细节方面有差异，但是其目的、作用与基本流程，都是共通的。那么，到底什么是炼金术呢？炼金术的实质到底是什么呢？它与人类心理有什么联系呢？

炼金术的本质是：精神的修炼。整个过程用最精炼的话总结就是，把心理活动投射到试验品中。我们其实每分每秒都在进行心理投射，这是常态，只是在炼金术中我们的投射聚焦在一个点上。如前所述，炼金术的目的从来就不是炼黄金，黄金只是修炼过程的外在表现。自古以来，炼金术的目的就是超越，转凡成圣，是把整个人的精神世界投射到实验室里物质转变的过程当中。用现代的语言来说，就是在炼金师的熔炉中，燃烧锻造的不是各种化学物质，而是炼金师本人的精神世界。人们的内心世界被不断地向外投射，在炼金术中，投射物就是各种化学物质。这些物质的不断演化，与炼金师内心世界的变化同步，当哲人石（金丹）被制造出来的那一刹那，炼金师本人也完成了自我锻造的过程，大彻大悟，洞悉宇宙人生的奥秘。对信仰基督教的炼金师来说就是找到了上帝，在中国就是成仙。这，就是炼金术的实质。

炼金师从一开始就意识到他们是通过追求金属的完善来达到自身的完善。在阿拉伯文献中提到："事物因其相似物而完美，所以操作员必须参与操作。"炼金师必须把他自己转化为哲人石。"将你自己从死石头转为活的哲人石。"多恩（Dorn）写道。莫瑞诺斯（Morienus）如此对国王哈立德（King Kallid）说："因为此物质（这隐藏了神圣秘密的物质）从你那里提取出来，你就是这矿石（即未加工

在《红书》中，荣格对这幅图的解释是：“受诅咒的恶龙吃下太阳，从腹部被刨开，现在它必须放弃太阳的金，还有它的血。”

的物质）；他们（炼金师）在你身上找到它，更准确地说，从你身上提取它。”普通金属嬗变成黄金，象征着从不完美、患病、腐败和短暂的状态向完美、健康、鲜活和永恒的状态进行演变，因此哲人石代表了一把神秘的钥匙。这把钥匙可以使这个进化成为可能。这一演变过程应用于炼金师本身，象征着他从无知到全知的演变。石头本身也只是个比喻，不是真的打造出一块神奇的石头，而是代表了一种隐藏的精神真理或力量。在1766年的《炼金术教理问答》中表示，金属的使用仅仅是象征性的。问：当哲学家谈到金银时，他们从中提取物质，我们是否认为他们指的是粗俗的金银？答：绝不，庸俗的银子和金子已经死了，而哲学家们却充满了生命。

虽然操作步骤有所不同，但西方炼金师在实验室里与其印度或中国同行一样，是在自己身上下功夫——在自己的精神和生理生活、道德和精神上用功。正是因为这种同步，所以所有的炼金文献都一致强调炼金师的德行与品质。他必须“健康、谦逊、有耐心、纯洁；他的心必须自由且与工作和谐一致；他必须是聪明而有学问的，他必须工作、冥想、祈祷”。印度炼金师认为：他加工矿物质的目的是“净化”以及“觉醒”自身，或者，换句话说，是为了拥有潜藏在自己身体里的神圣物质。在中国，东晋炼丹家葛洪提出了修仙必须积累善行，建立功德，慈善为怀，只有通过修炼才可以获得长生，身体不伤。哲人石和成仙的前提是炼金师或丹家内在的修为，通过炼金术，炼金师在提取神圣物质的同时，解救了封锁在内心深处的神圣力量。

记录
你此刻的心情

17

生活中问题的意义不在于它的解决方式，
而在于不断努力解决的过程中。

《寻找灵魂的现代人》
（*Modern Man in Search of a Soul*）

17

晦涩的表达

The Ambiguity of Alchemy

炼金术的没落，除了给科学的崛起让路之外，另一个很大的原因是它本身实在是太难读懂了。研究炼金术的学者（现在几乎没有了）曾经有过大量的辩论：所有炼金术书籍的作者是故意写得这么晦涩，还是不得已而为之。即使少数几位有成就的炼金师，经历了炼金的全过程，达到了目标，在他们之后留下的文献中，也表明他们不约而同地拒绝对炼金的过程作出清晰的描述。他们大量地使用比喻、寓言，以至于后人完全不知道他们在说什么。在大量炼金师留下的有关炼金操作的书籍中，古今中外几乎没有一本清晰描述炼金的操作细节。所有的片段明显支离破碎，用词极端晦涩。试验所用的原料也是用各种名词掩盖。更糟糕的是，关于一种化学物质或一种操作的说法，随便就可达到上百种，比如水银——炼金术最基本的物质之一，在一本炼金著作中，出现了50多种不同的说法。1652年在伦敦出版的一本小书——《“哲学家之石”的名称》记录了170多种名称，包括：处子之乳、太阳的阴影、干水、月亮的唾液，等等。博奈替（Pernety）在他的《炼金神话词典》（*Dictionnaire mytho-hermetique*, Paris, 1787）中按字母列举了大约600个名字。炼金术的“原初物质”即原材料，也有无数的同义词，《炼金术词典》（*Lexicon Alchemiae*）（Frankfurt, 1612）收录了50余种。有些炼金师认为它是硫磺、水银或铅；另外有人称它为长生不老水、天堂、母亲、月亮、龙、维纳斯、混沌或者甚至就是哲人石或上帝。所有这些，不得不让人们猜测，炼金师们这样来介绍他们的工作，一定是有原因的。正如《哲学家的玫瑰园》（*Rosarium Philosophorum*）引用火图兰诺斯（Hortulanus）的话：“只有那些知

此图最早出现在炼金术文献《翠玉录》(*Emerald Tablet*)中，
代表炼金术所有自相矛盾的表达。

道如何制成哲人之石的人，才懂得与之相关的话。”同时，《哲学家的玫瑰园》非常明确地告诫我们：“这些问题的传播要神秘（talis ma-teria debet tradi mysice），就像诗歌中会使用比喻和寓言那样，甚至要发誓不泄露书中的秘密。”

除了使用大量不同的词汇指代一种操作之外，炼金师的另外一种写作方式是大量使用比喻。比如，两种性质相反的物质的融合，即矛盾的统一，这一炼金术的主线，可以用几十种比喻表达。比如：国王和王后、男孩与女孩、带翅膀的龙与没有翅膀的龙，等等。这些成对的概念相当于中国的阴阳，是对立关系的高度总结。炼金术的书籍往往配有很多包含这些图案的插图，确实让外人摸不到头脑。《哲学家的玫瑰园》中有大量的国王和王后在一起的不同画面，笔者在起初接触到这本书的时候还以为《哲学家的玫瑰园》讲述了一个古代的爱情故事，后来终于明白，那都是比喻，表达的是完全相反的事物的合一。

正是基于以上的原因，炼金术专著让人看不懂，在所有收集的资料中去寻找共通点，从而发现其基本操作流程，难比登天，更不用说操作的细节。唯一的途径是尽可能地搜集资料，再把所有能够收集到的资料全部进行逐一对比，找到共同点，进而通过比较找到其含义。我们要感谢以荣格为代表的分析心理学大师们的艰苦努力，是他们多年的工作使我们现代人有机会对炼金术的背景、宗旨及操作过程略知一二。荣格尽最大努力还原了这门学问的本来面貌，同时他的研究深刻影响了他的学生们。在他去世之后，他的几位主要弟子一起努力，出版了炼金术辞典，汇集了炼金术的主要词汇，并逐条进行解释。可以说，荣格是最伟大的心理学家之一，也是最后一位炼金师。

记录
你此刻的心情

18

人们会想尽办法，
哪怕是最荒谬的办法，
来躲避直面自己的灵魂。

《心理学与炼金术》
（*Religion and Alchemy*）

18

炼金术的阶段

The Operation of Alchemy

在了解了炼金术的历史脉络、最终目标及其主要特点之后，我们再次深入，给大家进一步介绍其实际操作。在这一过程中，对立面接触、内在和外在、精神和物质在炼金过程中重新统一，炼金术的术语将这一统一过程叫作“神圣的婚姻”或“圣婚”，这一称谓在炼金术中反复出现，是其中心思想。

首先，炼金术操作的第一步永远是“死亡”，指各种成分所呈现的黑色。在炼金术的操作过程中，炼金师经常说要“杀死”这些物质，达到黑色，意思是说要将物质缩减至第一原质，也就是最原始的状态。这是炼金术的第一阶段。要想改变，必须先要恢复到最初状态，打回原形。所有的物质在最初都是一种流动的、无形的质量，在中国这种状态叫作混沌，代表宇宙的起源，死亡在这里代表回归于无形，是对于混乱的重新组合。在这一阶段，水的象征非常重要，因为在原始阶段物质是流动的。炼金师有一条箴言：“在所有的物质变成水之前，不要进行任何操作。”炼金术领域的一本重要著作是基希维格（Kirchweger）的《荷马的金链》（*The Golden Necklace of Homer*）——一本对年轻的歌德产生过很大影响的书。在此书中基希维格写道：“可以确定的是，所有的物质最初都是水，万物皆是由水而生，万物皆是由水而灭。”这就是为什么，水银在炼金术中如此重要，因为炼金师需要将物质放入水银浴中，以将其液化。这就是为什么所有的炼金术著作中，都大量提到水银。物质转变的基础在于将所有的金属以及具有金属特质的矿石，还原至其最初的水银物质。葡萄牙国王阿方索所著的论文写道：“我们的溶解只不过是将物质还原为湿气而已……这个工作最初的结果是把物质还原为水——水银，这就是哲学家们所说的液化。液化是溶解的基础。”这一阶段的主题是退回到最初，沉入到至暗时刻。在心理治疗层面，就是患者深入自己的潜意识，面对自己的阴影。

在谈论到炼金术操作的第一阶段的时候，炼金师从来不会直白地说出“还原至原初物质”这样的话，永远不能指望炼金师给出清晰的指示。第一阶段等于回归到出生前的状态，回归母体。正如前文所说，他们通过比喻来表达。前面已经提到，所有的炼金术描述，都是象征性的，都是比喻。比如卡博内尔研究的一个抄本提到，在炼金之前“必须要将其还原至精子”，这也是比喻。容纳了炼金术所有秘密的“奇迹的器皿”，是“一种母体或子宫，由此生出哲学家的孩子，是奇迹的石头”，“谁想要进入神的国，必先进入其母之身体，并且死在那里”。如果整个世界想要实现永恒，都必须“进入其母之身体”。另一位炼金师写道：“除非我再生，否则我不可能到达天国。因此我渴望回到母亲的子宫，以此得到重生。”多年之后，人们终于明白，这些都是比喻，代表着炼金的开始阶段。对于基督徒炼金师来说，他们所用的比喻则充满了基督教思想。只有在掌握了这个阶段的实质，了解了炼金师们在这一阶段想要达到的目的之后，所有刚才提到的描述才第一次看上去不是胡言乱语。

要做好某一件事，或要使某个受疾病威胁的机体获得重生，首先必须要回到起源。因此，炼金术中初始的死亡与神秘的黑暗还有另一重宇宙学上的意义：复活。初始的死亡，炼金的第一步，等于把我们从全部失败和“罪恶”中解脱出来。西方炼金师通过“杀死”原料，通过将原料还原至原初物质，激发最深处的自我与物质的“凄惨境地”之间的一种同步。也就是说，炼金师会在这一阶段获得一种初始体验，这种体验将随着炼金操作的进行为他锻造一个新的人格。对应于人生层面，道理其实不难理解，要想改变自己，首先要否定自己，暴露自己的不足，才可以为自身的改变创造出空间。而彻底地改变，意味着彻底地自省。要杀死以前的自己，这是炼金第一阶段的心理学意义。前文已经提到，人类在加入一个新的团体或开始人生一个新的阶段（比如，百天、订婚、结婚，等等）都要举行相应的仪式。仪式的内容依文化习俗而不同，但都在做同一件事，在一个人生新的阶段开始的时刻，以前的你死了，通过仪式你获得了重生。

此图顶部题字："爱的征服"，完成于 1921 年 1 月 9 日，一直持续九个月才被完成。它表现的是某种说不出的悲伤，一种四位一体的献祭。

变黑之后的阶段是“变白的工作”。白化在精神层面对应复活，这是没有亲身经历过的人无法感受的某些意识状态。人们在日常生活中会经历生活的各种打击，有轻有重，最糟的时刻是打击的叠加。但是真正能够“复活”“变白”的人并不多。打击是常态，是否可以从“黑”到“白”就看个人了。在炼金师的实验室里，炼金师们在经历同样的过程。从化学层面而言，这是最初的液化之后出现的凝固现象。这个阶段后出现的变黄和变红的两个阶段是炼金操作的完成，以获得“哲人石”告终。吉克泰（Gichtel）就白化（这一步骤意味着第一次炼金质变，即从铅或铜转为银）操作这样写道：“从这再生中我们不仅得到一个新的灵魂，而且还得到一个新的躯体。这躯体是从圣言或索菲亚女神那儿提取而来。……它比空气更富有灵性，与能穿透所有躯体的太阳光线相似，其与旧躯体的区别，就像万丈光芒的太阳与黑暗的大地之别；虽然它仍然停留在旧的躯体里，这个旧的躯体不能孕育它，虽然有时候能感觉到它。”西方炼金师使用宗教术语，不一定是为了保护自己不受教会谴责，而是来自他们自己真实的感受。炼金术中有很多关于神秘生活的深刻体验，诸如新的躯体、新的灵魂，都来自于炼金师的真实感受。

炼金的最后阶段是“变红”，代表颜色是红色。我们经常看到的炼金术图案是红色的太阳升起在城市上，被炼金师用来标志炼金术成功，伟大的工作结束了。格奥尔格·冯·威灵（Georg von Welling）是一位基督教炼金师，他写道：“我们的目的不是教人如何制造黄金，而是更高，即如何把自然视为来自上帝，以及上帝存在于自然。”帕拉瑟尔苏斯（Paracelsus）的一位弟子声称，炼金师是“神圣的人，因为他们神圣的精神已在此生就尝到复活的初果，并且预先体验到了天国”。几乎所有基督教炼金师都认为，获取哲人石等同于对上帝的全然了解。

记录
你此刻的心情

19

当人们理解不了一个人的时候，
往往认为这个人是愚蠢的。

《神秘融合》
（*Mysterium Coniunctionis*）

19 炼金术的延续

Today's Alchemy

很难说炼金师的炼金修行是一种有意安排的精神修炼活动，也就是说，我们不能确定炼金师们是否在有意识地自我修炼。他们不一定是在了解所有努力的意义的情况下有意地开展他们的炼金活动。炼金术更像是在人类发展的历史长河中，由人类集体潜意识自然发动的活动。炼金所做的一切努力都是对这种来自内心深处的对超越的渴望的回应。哲人石代表了这一修炼过程的完成，炼金术是对这种全人类共通的内心力量的自发回应。

炼金术在使物质变得完善的过程中实现人自身的完善。物质的完善——黄金在自然中的形成，需要成千上万年的时间，也就是说，炼金术把人放到了时间的位置，在大地深处需要千年万年才能“成熟”的黄金，炼金师几个星期就能锻造。从这个意义上说，炼金术取代了时间。在这一过程中，大自然的过程在实验室中进行，熔炉取代了地球母体，在容器、熔炉里，宇宙回到初始混沌，之后再次产生宇宙。物质在其中死亡又重生，然后最终转化成黄金。

炼金师是通过协助大自然的工作来加快事物发展的速度，当然，并不是所有的炼金师都认识到他们的“工作”实际上是时间的工作。他们的工作不论是以什么样的形式都涉及消除或取代时间。从前文操作的细节和过程可以看出：将自然从时间中解放出来，与炼金师自身的解脱是并行的。

和其他集体潜意识中的内容一样，炼金师古老的梦想从来都没有真正的消失，而是在我们的潜意识里延续至今，正如在前面介绍的原型一样。几百年来，社会发生了巨变，科学崛起，时代进步，当

在《黑书》中，1917 年 10 月 7 日，一个人物出现在荣格的幻想中，他声称自己是腓利门（Philemon）的父亲，荣格把他描述为黑魔法师。

炼金术从历史的书本上消失，并且它所有的知识被融入化学之时，炼金师意识的原型好像已经彻底消失了。化学这门新科学仅仅利用了炼金术在实验方面的发现。不管我们认为这些发现数量有多大，有多重要，都不能代表炼金术真正的精神。我们的时代是实验科学胜利的时代，信奉无限进步，它主导和激励了整个 19 世纪的工业化进程。而恰恰是实验科学的信条认为，人类的真正使命是要转变和改进自然，并且成为自然的主人，这其实就是炼金师梦想的延续！征服自然是人类在近代社会中几百年的目标，这样的目标与古老的炼金师们的一致，它仍然存在，并伪装于工业化社会里。工业化社会的目的就是要完全改变自然。19 世纪被物理、化学等科学主导，并且出现工业化浪潮，与炼金师个人的胜利相比，人类第一次大规模地成功取代了时间。人类加速自然进程，更快速有效地开发矿藏、煤田以及石油。有机化学被发明，人类开发了无数“人造”品。这些人造品第一次向我们证明了消除时间的可能性，工厂和实验室可以制造出大自然千千万万年才能产生的物质。因此，炼金师取代时间、征服自然的渴望，实际上就是现代世界的渴望。

除了化学，炼金术遗产还体现在生活的方方面面——在文学意识形态里，在自然主义者的作品里，在政治经济体系里，在物质主义、实证主义以及无限进步的世俗化体系里——无处不在。总而言之，炼金术仍具有生命力，存活于任何相信科学有无限可能性的地方。炼金术留给现代社会的远远不只是化学；它留给我们改造自然的信心以及控制时间的雄心。

然而，取代时间是一把双刃剑。人通过物理、化学等科学来征服自然，不必做时间的奴隶。从此以后，时间的工作被科学和劳动取代。现代社会的人终于抓住了时间，人们觉得自己与时间是一体的。但是，这是要付出代价的。对炼金师来说自然是显现神圣的源泉，工作是仪式，但是只有把神圣从自然中去除，现代科学才能自立。科学现象的揭示是以神圣的消失为代价的。工业社会的工厂里仪式没有意义，仪式对于工厂来说毫无用处。为了给工业革命提供必要的养料，工作必须要世俗化。礼拜仪式在古代社会里使工作变得能够忍受。正是在这最终世俗化的工作里，在以小时和耗能单位计算的纯粹工作里，人类感受到了时间过程的不可逾越性，感受到了它的沉重与迟缓。

记录
你此刻的心情

20

人群体量越大，
在其中的个体就越随波逐流。

《未发现的自我》
（*Undiscovered Self*）

20

意识的缺陷

Weakness of Consciousness

前面讨论了人类的潜意识，分析了时间和空间，这之后我们比较深入地讨论了作为潜意识活动的炼金术。本节作为总结的一节，之前的叙述都是为本节铺路。在这一节中，我们将通过进一步发掘炼金术的秘意，打开一扇众妙之门。

炼金术里面出现的象征符号是吸引荣格开始研究炼金术的起点，在他的大量的临床分析中，在病人发生心理转变的过程中，炼金术象征反复出现在这些病例的梦境、幻象或想象中。起初荣格感到很困惑，不知道这些象征与古老的炼金术象征一致。荣格将心理整合的治疗过程称之为“自性化过程”（相关内容见前文第 10 节）。他认为炼金术图像是表达这种“自性化过程”的象征。在荣格和弗洛伊德决裂的时期，是他人生最低谷与黑暗的时期，他的研究成果没人承认，也没人可以同他一起研究，除了最深邃的孤独之外，他还怀疑自己的洞察和研究成果是否正确或有任何意义。这时，就好像命中注定，他的朋友汉学家卫礼贤得到了中国道教炼丹文本《太乙金华宗旨》并进行翻译，之后将译稿寄给了荣格。荣格的人生转折点就这样发生了，他终于在古老的东方智慧中发现了一个直接的相关性或落脚点，也就是说，他找到了呼应。他如饥似渴地读完了译本，深深地感到如释重负，发现他的领悟早已经记载在古代中国的经典之中。

他的工作是艰苦卓绝的，因为在炼金术中面对的是一种“秘密的语言”，和我们在萨满教以及所有宗教中的神秘派中所遇到的一样，这些语言看似自相矛盾，所以显得很神秘。这种“秘密的语言”之所以神秘，是因为它所表达的是不能通过日常用语表达的体验。在所有的体验中最高的境界几乎都

此图与荣格、艾玛（Emma）、托尼·奥尔夫（Toni Wolff）之间的关系有关。荣格自己对此图的解释是：“看这三条交缠在一起的蛇，这就是我们三个人如何与这个问题进行斗争的。”

是无法表达的。没有人能够清晰定义道、涅槃与上帝。对见道与开悟的表述都是以象征手法或比喻方式，这是没有办法的办法，因为我们日常的用语中，没有与这种体验相对应的词汇。我们语言的局限性在此显露无疑。语言本身是意识的产物，需要专注、明确，在给一个事物下定义的时候，不可能概括该事物的所有层面，为了交流，我们只能退而求其次地选取它最主要的特性。这就意味着，我们的语言的清晰是建立在牺牲掉事物的某些特质的基础之上的，它更加无法表达潜意识的内容。我们无法清晰描述对我们意识的头脑来说完全自相矛盾的体验，而这正是最高智慧之所在。炼金术相互矛盾的语言，就是因为他们想要表达的是最深层的潜意识内容。对意识头脑来说是自相矛盾的，只能偶尔被隐约感受到，像是在梦中那样。对这种最深层次的体验有过经历的各位大师总是想尽办法把这种体会转达给他的人类同伴，就出现了各种典籍、语录、开示，都是苦口婆心，只为大家都有幸福的生活。另外一种选择就是对这种体验三缄其口，不去加以讨论。如果有人从没有吃过苹果，你将如何向其解释苹果的味道？这是一件非常艰巨的任务，也许只有亲身经历，才是了解的唯一途径。

如前所述，与炼金术体验相对应的是实验者的内心世界的变化。在炼金术中，随着实验的推进，新的心灵内容在心中升起，这些内容的心灵图像和被实验的物质混合在一起，使得这些内容好像变得可以理解了。这就是炼金师的心路历程。他们对实验物特质的了解就是他们对自己潜意识的了解，而他们在炼金过程中的心灵体验就表达在这些化学物质的转变中。炼金术中出现的象征一方面与梦中出现的象征一致，一方面与宗教象征合拍。这种合拍是因为它们都是人类心灵超越之路的路标，为大家指明方向。对炼金师来说，物质是神圣的，他们的工作是把困在物质中的神圣解救出来。炼金的过程，即心理完善的过程。

记录
你此刻的心情

21

光有理智是不够的。

《未发现的自我》
（*Undiscovered Self*）

21

融合

Non-dual

炼金的整个过程开始于原初物质，就是炼金所用的原材料。非常有趣的是，原材料和最终的成品哲人石这两种物质在操作过程中其实很难区分。原始物质和最终结果非常近似，在用词方面也非常相似，这是炼金术的最大秘密。

让人意外的是炼金术原材料的最大特点是无处不在、非常容易获得，而不是什么珍贵材质，这点恰恰与“哲人石”相对应。哲人石似乎随时就在我们的身边！因为如果“石头”代表一个操作的终点，石头同时也是极其易于获取的：它无处不在。瑞普利（Ripley，1415—1490 年）写道：“哲学家们说，鸟儿和鱼儿们把石头带给我们，每个人都拥有它，它无处不在，存在于你，存在于我，存在于万物，存在于时间和空间。”它以粗鄙的伪装（vili gigura）呈现自己，并且它是我们“永恒的水”（aqua permanens）。在526年的《尘世的荣华富贵》（*Earthly Sublime*）中描述哲人石“为所有的人所熟知，不论老幼；它存在于乡村，存在于村庄，存在于城镇，存在于上帝所创造的一切事物之中；但它被所有的人轻视。富有的人和贫穷的人每天都与它打交道。它被女仆扔到街上，儿童拿它来玩耍”。虽然它是世上最美丽最珍贵的东西，有力量摧垮国王和王子，然而没有人珍视它，它仍被视为世俗最粗鄙不堪的东西。我们可以说，哲人石无处不在的普遍性是炼金术的一个根本的主题。虽然在具体用词上有所不同，但所有炼金著作的共识是：所有人梦寐以求的东西，其实无处不在，就在我们身边。这种对哲人石的描述与基督教对圣灵的描述，道教对道的描述（《道德经》），及佛教中的如来藏的思想（《楞严经》）非常相似，有异曲同工之妙。哲人石这种普遍性和稀缺性的矛盾，让我们想到神圣的东西都有这样一种辩证：到处都是，但没人能找得到。

荣格将哲人石描述为“对立面的调和，化敌为友”。它是世界上最珍贵的，但其实俯首皆是。这就是问题的关键，这就是秘密中的秘密。没有人可以清晰地定义哲人石，它到底什么样子，对它的功能列出一个清单。但是，我们可以明确的是，炼金的最高成就——哲人石，是一种融合的精神境界，是所有对立面的融合。水火，黑白，善恶，这些不可调和的对立面在哲人石中都合一了。这与很多修炼的最高成就没有区别，最高的成就一定是超越二元对立的。在炼金术中，这是始终如一的主题。荣格准确地破解了这一核心密码。只有在对这一主题有所了解之后，很多炼金术中非常难懂的表达才迎刃而解，所有男女在一起的插图，亚当与夏娃，鸟与蛇，都是在说一件事：对立的统一。

哲人石从来就不是一块神奇的石头，它是一个象征，是突破二元对立（融合）的精神力量。炼金术中的著名神秘符号——衔尾蛇就是象征着这种最高境界：无始无终的自我循环。“融合”在炼金术的文献中随处可见，它经常被象征性地描述为神圣的婚姻：太阳和月亮、国王和王后，他们在水银浴中结合并且死去（这是“变黑”阶段）；其“灵魂”离开躯体后再返回并生出哲学家的孩子（《哲学家的玫瑰园》），还有雌雄同体者。萨切瑞尔（Zacharia）

写道，虽然把物质说成精神的也不能说是错误，但是称之为物质的也并非不对，称之为“天上的”是名副其实，虽然“地上的”也同样贴切。所有这些令人困扰的矛盾的表达，现在才明白过来，都是在讲炼金术的最高境界。而正如前文所述，这种境界超越了我们日常的体验，所以只能用各种比喻表达。只有在我们了解哲人石是对立的统一后，这些矛盾的语言才其义自现。炼金术的最高境界是合一，而这合一的象征就是哲人石，所以它既可以是精神的，也可以是物质的（黄金）；它到处都是，但我们找不到它；它既是最高贵的（合一），也是最卑微的（石头）。我们意识占统治地位的头脑是无法理解这样的存在的，所以对我们来说炼金术是自相矛盾的。

我们所生活的现代世界，是一个二元对立的世界，一切都有其对立面，好坏、上下、前后、男女、南北等，这是一个二元的世界。随着人类自我意识的不断加强，对各种界限的区分也越来越明显。在前文我们已经讲到，意识萌芽于集体潜意识，经过万年的缓慢成长，渐渐成熟。我们意识的功能就是不断地对这些对立面作出区分，而且区分得越来越细致。科学越发达，分辨越细致。而炼金术的目标，和其他所有修炼的目标是一致的，所谓回归，

21

融合

衔尾龙在世界古老文明中广泛存在，包括印度和中国。炼金术的象征，代表无限和完整，一切对立的融合。

就是一切对立的消亡。其实，炼金术的最高境界和其他世界主要宗教的最高境界是一致的。道家对道的描述与炼金术、哲人石的描述惊人地相似，庄子说：“天地与我并生，万物与我为一”；儒家也有类似的表述，孟子言：“万物皆备于我”；佛家讲：“三界唯心，万法唯识”，所谓“不二法门”。当所有的对立都融合时，就是哲人石。用炼金术的表述，即“在火中取水，生出莲花”。正如《奥义书》所说：在我中找到了你。这种与宇宙融为一体的感觉，确实是非常难以表达的，而所有的表达只能是比喻或象征的。现在，我相信在本节开头提到的炼金术最神秘的象征衔尾蛇的含义已经其义自现；炼金术的标志性口号“因为上面，所以下面”的意思，大家也就明白了。

记录
你此刻的心情

22

共时性就是内心和外部事件的交汇，
而这种交汇用通常的因果律无法解释，
但是对经历者意义重大。

《共时性》

（*Synchronicity : An Acausal Connecting Principle*）

22

牛顿，炼金术与化学

Isaac Newton, Alchemy and Chemistry

在荣格过世之后，荣格的弟子们基于荣格对炼金术的研究，进一步通过对人类潜意识的研究揭示现代科学的起源。众所周知，炼金术的没落与科学的崛起同步，但鲜为人知的是炼金术留给现代人类的遗产之一是化学。在早期，“化学”和“炼金术”被用作同义词，炼金术、化学和冶金之间的差异并不存在，从业者之间存在重叠，很难分清楚他们是炼金师、化学家还是铁匠。例如，著名的第谷·布拉赫（Tycho Brahe）（1546—1601年），是一位以天文学和占星学研究而闻名的炼金师，他在他的乌兰尼堡（Uraniborg）天文台建立了一个炼金实验室。迈克·桑德福古斯（Michael Sendivogius）（1566—1636年），是一位波兰炼金师，同时也是哲学家、医学博士和化学先驱，据称是他在1600年左右的炼金实验室中提取了氧气。

说到炼金术与现代科学的关系，我们不得不提到一位科学重将，同时是一位资深炼金术研究者——艾萨克·牛顿（Isaac Newton）。其实，他在研究炼金术方面的投入远远超过他对光学或物理学的研究。科学工作对牛顿来说可能不太重要，因为他更强调重新发现古人的神秘智慧。很多历史学家认为，任何提到“牛顿世界观”纯粹是机械性的都是不准确的。在公开拍卖中购买到大量牛顿研究炼金术的作品之后，凯恩斯于1942年说道：“牛顿不是理性时代的第一位，而是魔法时代的最后一位。”在牛顿的一生中，化学研究仍处于起步阶段，

1930 年，荣格在《金花的秘密》的评论中以匿名的形式复制了一位男性病人在治疗过程中所画的曼陀罗。

因此他的许多实验研究没有使用化学术语，都使用了深奥的语言和模糊的术语，这些术语通常与炼金术和神秘学有关。牛顿同时代的皇家学会会员罗伯特·博伊尔（Robert Boyle）已经发现了现代化学的基本概念，并开始建立现代化的实验规范。对这些情况，牛顿一定是了解的，但牛顿完全没有使用这些信息、语汇与研究成果。他所使用的语汇仍然是古老炼金师的语汇。牛顿花费了大量的时间和精力研究炼金术，在炼金术工作期间，他也遭受了精神崩溃的痛苦，也经历过化学中毒（可能来自汞、铅或其他一些物质）。直到牛顿去世几十年后，化学计量实验才真正开始，炼金术才开始渐渐演变为我们今天所知的现代化学。

炼金术渐渐被化学取代经历了漫长的过程。到了1720年左右，“炼金术”和“化学”之间才首次形成了严格的区别。到19世纪40年代，炼金术已经没落到局限于黄金制造本身，人们普遍认为炼金师是骗子。为了保护现代化学的发展，科学家尽力撇开与炼金术的关系，科学启蒙运动期间的学者们为了生存而试图远离炼金术，将“新”化学与“旧”实践分开。尽管分裂的种子早在17世纪就被种植了，但炼金术仍然繁荣了大约两百年。现代科学的兴起是人类的重大事件，它强调严格的定量实验和对“古代智慧”的蔑视。

炼金术留给我们的最大的遗产就是化学，它是现代化学的鼻祖，从某种意义上来说，也是现代科学的起源。所有现代化学的重大突破与发现，都可以追溯到炼金术的试验中。只要稍稍留意一下化学的发展历史，就能发现它与炼金术千丝万缕的联系非常明显。炼金术在经过初期的发展后渐渐形成了两条线索并行的局面。一方面有炼金师专注在炼金的物质层面，而另一批则更加关注精神在炼金过程中的转变。化学知识只是继承了炼金术中最肤浅的物质的层面，或是说，继承了炼金术的副产品——炼黄金，而其最宝贵的一面，其精神层面——哲人石，已经被现代人完全忽略了。

记录
你此刻的心情

23

人需要死亡才可收获生的果实。

《红书》

（*The Red Book*）

23 共时性

Synchronicity

生活中有许多巧合的事件，一般情况下，我们认为就是巧合而已。比如你梦到了即将要发生的事件，或你在事件发生的同一时刻在另外的地点感受到了事件的发生（比较常见的是近亲的去世）。更加常见的巧合是你有时突然发现某一个场景似曾相识，好像以前经历过。你正在想着某人，电话就来了。生活中的巧合在历史上的记载也是不计其数，且有据可查。著名的哲学家康德写道，1759 年斯德哥尔摩大火发生的同时，一个人在另一个很远的地方感受到了这一事件。康德感到震惊，之后向在这两个不同地点的人询问，发现所看到的场景完全相符。同样的情况也发生在歌德的身上，他本人在梦中看到了自己未来的一个场景，之后真的发生了。有时预知事件的过程发生在梦中，一棵倒下的树、一个追不上的人、一盏熄灭的灯，都可以预示死亡，这样的梦是对死者的告别。梦中预示的即将发生的事件不仅局限于死亡，也可以是不同的事件：一个人的考试结果，一位即将偶遇的朋友，一次职业生涯的转轨，等等。一般来说，这样的事情的发生会引起经历者的一种奇迹感，感到宁静或释放，好似在一瞬间被安全地置于生命的怀抱之中。但这种感觉转瞬即逝，我们不会当回事。巧合这两个字本身，就代表了我们对这一类事件的态度。我们用忽略不计的方式解决问题。

通常情况下，我们对偶然事件不会加以关注。即使当我们经历了非常偶然甚至奇特的事件之后，采取的态度一般都是一带而过，或简单把它们归类为“巧合”。那么我们认为这样的情况纯属巧合的原因是什么呢？我们为什么会对如此奇特的事件视而不见呢？物理因果律在我们思维模式中占统治地位，就是具体的因（看得见，摸得着）产生具体的果。这种思维模式发源于西方，在西方占统治地位很久了，也是当今世界的主流思维。即使是看不见摸不着的，也必须是在实验室条件下可验证的。对于西方人的思考，放弃因果关系原则几乎是不可能的，这一原则从笛卡尔时代开始就被视为绝对有效。在实验室中无法验证的，所谓非因果的现象，是被人们的头脑贬低或完全视而不见的。而偶然事件背后的因果是触摸不到也无法实证的（至少在量子物理之前），我们的惯性思维就会自然地屏蔽对这一类事件的感知或思考。

荣格认为，看得见、摸得着的因果只是因果关系的一部分，还有很多的心灵层面的因果关系是我们察觉不到的，其发生的根源来自于我们的潜意识。很多事件的发生，我们看不到，听不到，感官无法触及，但是这件事可以在我们的心中以图像（一定是象征性的，而不是叙述）的方式显现。简单地说：就是心灵事件与外部事件发生了同步。这可以说是内与外的合一，是心理事件与物理事件的合一，荣格的用词是“共时性”。至于这个未知事件是在过去发生的，是现在正在发生的，或将来会发生的并不重要；它是否发生在附近或世界某个偏远地区也不重要。关键是，这些内心的景象和外部事件出现了“奇怪的巧合”，并不受时间空间的限制。根据经验发现，共时性事件在情感高度集中（冲击力很大的事件发生）的时候发生的频率更高，例如面临死亡、疾病、危机时。因为在这种情况下，人们通常会有强烈的反应，情感或情绪堆积出现高峰，这时意识的门槛就降低了。在这一时刻，潜意识内容占据优势，会比平时更有机会（像在梦中发生的一样）冲破意识的防护带，进入意识的视野。这些冲进来的内容进入意识的范畴后就会被我们感知，当这些内容被感知到，并与外部事件一致时，就是所谓的预知，巧合现象就发生了。这方面的例子我们经常在原始人或小孩的身上看到，就是因为他们还不像我们现代的成年人，意识已经高度发展，自以为是地觉得已经摆脱了潜意识的影响或已经完全忘记了潜意识的存在。

那么潜意识的内容为什么会有预见性呢？其内容为什么会早于我们的感知而与外部物理世界的事件相一致呢？原因就是：世界的本来面貌是合一的，所有的一切是一体的，包括心理和物理、外部和内部，万事万物皆为一，这也是前文提到的哲人石的本质。现代文明的基础——意识的最大的功能是分别、剥离，从而可以专注、分析。在人类心灵最深处的潜意识中本来是融合在一起的东西，在意识的

这幅图的依据是《梨俱吠陀》(*Rigveda*)。在《梨俱吠陀》中，哈朗亚格嘎（Hiranyagarbha）是一颗金卵，孕育出梵天，这幅图表达了这一主题。

前台被一层一层不断叠加地剥离——无极生太极，太极生两仪，两仪生四相，四相生八卦，最后到万事万物。我们所处的是一个二元对立的世界，所有的一切都有其相对的一面。意识越发达，这一对立的系统就越精细，我们就越依赖意识占绝对上风的思维模式，殊不知这一切对立都是意识给我们的假象。在这一过程中，时间上的永恒（合一）被划分为过去、现在和未来；空间上的无间无隙（合一）被切割为远与近；人对世界的感知被分为心理的和物理的，唯物的和唯心的。在偶然现象中，随着时间、空间的相对化，内部图像和外部事件再次融合，潜意识中本来合一的东西再次变得可见，并且可以被我们的感官体验到。内外本是一体，只不过受到意识的切割，一部分出现在所谓的现象世界，一部分出现在所谓的心理世界，它们从来就是一回事。

合一原型的力量深埋在每个人的心中，在机会来到时就会显现，如果你留意，会发现生活中充满了这种情况，就是我们通常说的巧合。这就是荣格的名著《共时性》所讲、所要表达但没直说的内容。生活中从来就没有什么偶然，所有的巧合都是合一力量的体现，或者换句话说，从本质上讲，一切都是巧合。

与宇宙融为一体的向往深深地埋藏在我们的心中，人类除了“食色”以外，还有另外一种根本需求，就是超越。但是这种欲望被意识压制着，以至于我们心不静到一定程度是察觉不到的。合一活跃在我们每个人的心中，它就在我们的眼前，我们却对其视而不见。但这种合一的力量从来就没有减退，它只不过不断地被我们的意识压抑在集体潜意识中。中国的道家早就对这方面有所体会，所以提出了“无为”的思想。它的意思不是没有任何作为，而是心不去抓取，不为欲望所驱动，是心念的无为。在这种状态下，我们本性的光辉才显露出来。

记录
你此刻的心情

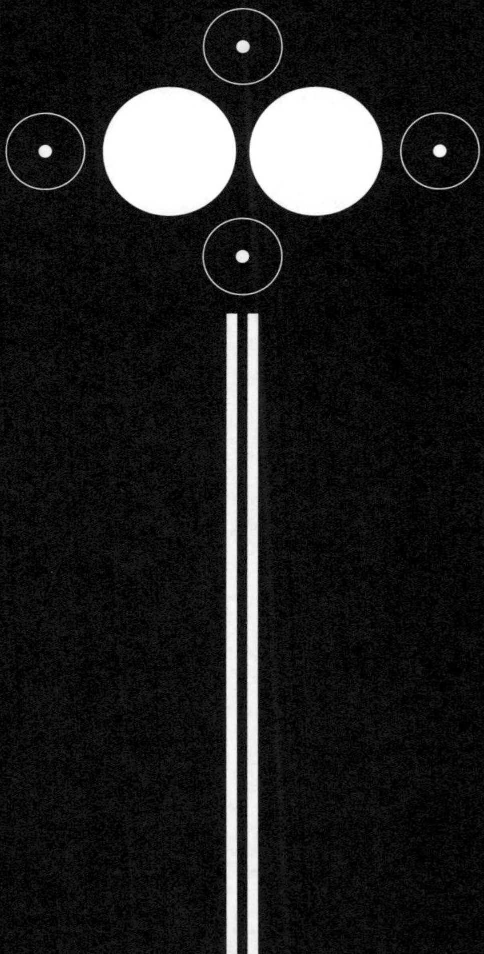

24

潜意识中蕴藏着对立融合的可能性……
意味着与潜意识生命法则的契合，
这一契合可以达成完全清醒的生活，用中文说就是得道。

《金花的秘密——中国的生命之书》
（*The select of Golden Flower*：*A Chinese Book of Life*）

24

荣格与中国

Jung and China

荣格从来没有来过中国，但他的研究与中国有着很深的联结，这主要体现在他与德国汉学家卫礼贤的合作中。

前文已经提到，荣格在 1913 年与弗洛伊德分道扬镳之后陷入了他的人生最低谷。他辞去了苏黎世大学的职位，同时基本与精神分析事业绝缘。在这一阶段他开始出现幻觉、失眠，他甚至怀疑是否得了精神分裂症。但是就是在这一阶段，他开始了对整个人类深层潜意识的艰辛探索。他的主要概念，包括原型与集体潜意识，与之后数年的研究课题都成型于那个阶段。

这一阶段最具标志性的事件是他与卫礼贤的会面。荣格与卫礼贤，两位在生活轨迹上没有任何交集的人，因为中国文化而结缘成为挚友。在会面之前一段时间，荣格已经接触了印度瑜伽，同时他自己也非常自律地做冥想（他称自己独创的冥想方式为积极想象，在前文已经讲到）。在冥想中，他经常与一位能飞的智慧老人沟通，他称呼他为费尔蒙，《红书》的一部分内容与此有关。在这一阶段他还接触了中国的《易经》，甚至开始尝试使用《易经》的方法做预测。26 岁的卫礼贤在刚到中国时，在青岛的教会工作。他于 1922 年再次来到中国担任德国公使馆的学术顾问，同时受聘为北京大学的教授。在之后的三年中他成为劳乃宣的弟子，在劳乃宣的指导下翻译《易经》，而就在书稿从印厂送来的当天，劳乃宣去世了，仿佛他已经完成了自己的任务。而荣格与卫礼贤结缘，是因为中国道家内丹经典《太乙金华宗旨》。

《太乙金华宗旨》之中的太乙也称为“泰一”或“太一”，是古代中国最高的三神——“泰一”“天一”

图片中的文字是：“先知之父，敬爱的腓利门（Philemon）。”腓利门原是古希腊传说中的人物。荣格经常梦到腓利门，认为他代表着智慧老人原型。

与“地一”之一。天一为阳，地一为阴，而太一（等于泰一）是分开阴阳之神，为三神之首。太一神为天地之始，道是它的形而上之表现，而金华则代表了修习者心中的金花，是内丹修炼的成果。《太乙金华宗旨》是一部内丹修炼的指导书，是每一个阶段的修炼手册。卫礼贤在翻译此书的过程中发现此书受到佛教影响很深，修炼细节方面多次提到止观，这也是佛教天台宗的修炼方法。但其实此书受到的佛教影响远远不止止观法门，书中还多次提到大乘佛教经典《楞严经》，并且直接引用。这本书的作者是大名鼎鼎的八仙之一吕洞宾，但是也许和其他许多道家经典假托吕祖之名一样，这部书的真实作者我们不得而知。值得注意的一点是，将道家内丹修炼发扬光大者是道教全真派的王重阳，而且他大力提倡三教合一（儒、释、道），很有影响力。基于这两点考虑，笔者认为此书如果不是吕洞宾所作，大概率应该出自王重阳的全真派（此派同时提倡苦行，不婚配，大弟子丘处机曾经力劝成吉思汗少杀无辜百姓）。

荣格对与卫礼贤初次见面的印象非常深刻，他回忆说：“当我见到他时，卫礼贤不管在外貌上还是写字与说话的样子，与中国人几乎没有两样……我们谈到很多与中国哲学宗教有关的议题……当我告诉他我在潜意识研究方面的进展时，他一点都不惊讶，因为他发现这些内容与中国哲学不谋而合。”当荣格收到卫礼贤寄来的《太乙金华宗旨》的译稿时，他如饥似渴地阅读。那个阶段荣格正在试图从与弗洛伊德分裂之后的人生低谷中爬出来，而说《太乙金华宗旨》为他带来了曙光一点都不为过。他从东方修炼的手册中发现了许多他自己在心理治疗中遇到的大量象征，他第一次确定地感到他不是孤单的，他的研究与临床发现在中国的古老智慧中得到了印证，这对荣格有着决定性的影响。金花象征着内丹，道家修炼的最高成就，同时也是曼陀罗。荣格自己虽然没有明确表达这本书与炼金术的关系，但我相信这本书的修炼细节与炼金术有许多相通之处。正是在研读此书之后，荣格正式开始了之后延续几十年的炼金术研究（从在世界各地收集所有可以找到的炼金术文献开始）。荣格在他 1944 年的著作《心理学与炼金术》中写道：“关于曼陀罗的含义与图像，我已经观察研究二十多年，我自己经历的案例就不计其数。我一直没有发表和演讲这方面的内容是因为我自己还不能对这一现象作出明确的判断。在 1922 年卫礼贤给我看了《太乙金华宗旨》以后，我终于决定发表一些我的研究成果。”

卫礼贤在回到德国以后，没有几年就去世了。在他去世两三个星期以前，荣格一天晚上做了一个印象非常深刻的梦。他梦到一位身穿长袍、双手抄在袖口里的中国人站在他的床前，梦中可以清晰地看到这个人脸上的皱纹甚至衣服上的小褶皱。此人向荣格深鞠一躬。荣格说，他明白此人想要带给他的信息。